JN107158

## 特 集

従来のMOSFETと同じように使える！
高安全性・高信頼性ノーマリOFF型誕生！

# 30 MHz/10 kWスイッチング！
# 超高速GaNトランジスタの実力と応用

　GaN（ガリウム・ナイトライド），SiC（シリコン・カーバイド）など，新しい半導体材料によるパワー・デバイスが実用化されてきており，実際の製品への応用が広がりつつあります．

　特集では，これら新パワー・デバイスの特長を生かした活用方法を探求していきます．高電圧動作のパワー・エレクトロニクス回路を高速にスイッチングすることが可能となるため，数kWクラスのパワー回路を小型かつ軽量に実現できるようになります．

SiC

GaN

## 第2特集

# SiCトランジスタで作る5 kW超小型インバータ

# グリーン・エレクトロニクス No.18 新版

従来のMOSFETと同じように使える！ 高安全性・高信頼性ノーマリOFF型誕生！

## 特集 30 MHz/10 kW スイッチング！ 超高速GaNトランジスタの実力と応用

## 第2特集 SiCトランジスタで作る5kW超小型インバータ

表紙デザイン　ナカヤデザイン（柴田 幸男）
本文イラスト　神崎 真理子

# CONTENTS

▶＊印の記事は，「トランジスタ技術」に掲載された記事を再収録したものです．初出誌は，
各記事のタイトル部に記載してあります．

# 第1章

基本構造から応用製品まで

# GaNパワー・デバイスの現状

小林 由布子
Yuko Kobayashi

　窒化ガリウム(GaN)は昨年のノーベル賞受賞で脚光を浴びたとおり，白色LED，青色レーザ，信号機(青信号)，照明などの光用途ではさまざまな場面で実用化されています．

　また，**表1**に示すように，ワイド・バンドギャップ材料であるため，発光素子が実現された時期とほぼ同時期からパワー・デバイス応用が長年研究されており，高周波パワー・アンプとしてはすでに実用されています．トランジスタとして比較した場合も，GaNを用い

た高電子移動度トランジスタ(HEMT；High Electron Mobility Transistor)はSiに比べて絶縁破壊耐圧が10倍と高耐圧で，SiCに比べるとキャリア移動度が高く高速です．よって，さまざまな周波数帯において応用分野が存在します．

　GaNは従来から高出力というキーワードで開発が進められていましたが，近年，最も活発に研究開発されているのは100 MHz以下のパワー・エレクトロニクス応用です(**図1**)．これまで，Siトランジスタであらゆる電源装置の高効率化／小型化が進められてきました．しかし，近年急速に多種多様なモバイル機器の普及や自然エネルギーの活用が進められてきており，より高効率で高電力密度な電源の開発が求められるようになってきました．そのブレークスルーとして注目されているのがGaNパワー・トランジスタです．

　GaNを使うことにより，小さなチップでも高耐圧で低オン抵抗のトランジスタができ，高速に動作するのでスイッチング・スピードを速くすることができます．この二つの効果により，従来のSi-MOSFETに比べて消費電力を下げることが可能となり，また電源装置の小型化が可能となります(**図2**)．

**表1 各材料の物性値比較**

|  | Si | SiC | GaN | 影響を受ける特性 |
|---|---|---|---|---|
| バンドギャップ [eV] | 1.1 | 3.2 | 3.4 | 動作温度 動作電圧(耐圧) |
| 絶縁破壊電圧 [MV/cm] | 0.3 | 3.0 | 3.3 | 動作電圧(耐圧) オン抵抗 |
| 電子濃度 $\times 10^{12}$ [cm$^{-2}$] | 1 | 1 | 10 | 電流密度 |
| キャリア移動度 [cm$^2$/V・s] | 1300 | 600 | 1500 | 動作速度 動作周波数 |
| 電界飽和速度 $\times 10^7$ [cm/s] | 1.0 | 2.0 | 2.7 | |

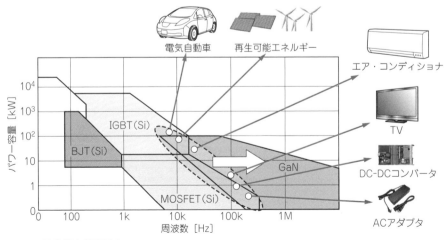

**図1 周波数帯と製品電力**

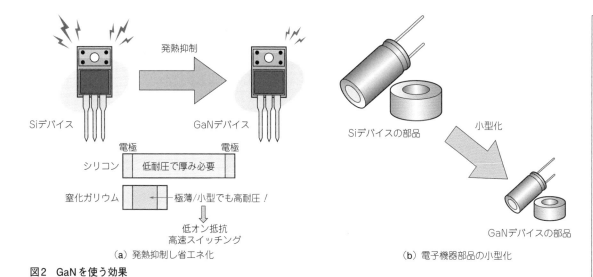

（a）発熱抑制し省エネ化

Siデバイス → 発熱抑制 → GaNデバイス

電極　低耐圧で厚み必要　電極
シリコン
窒化ガリウム ← 極薄/小型でも高耐圧！
↓
低オン抵抗
高速スイッチング

（b）電子機器部品の小型化

Siデバイスの部品 → 小型化 → GaNデバイスの部品

図2　GaNを使う効果

図3に示すYole Developmentの2014年のレポート[1]では，GaNパワー・デバイスの市場は2016年に本格的に立ち上がり，2018年もしくは2019年にEV（Electric Vehicle）とHEV（Hybrid Electric Vehicle）がGaNを採用しはじめるならば，2020年までの年平均成長率（CAGR）は80％で拡大，GaNデバイス市場規模は6億米ドルに達するであろうと予測されており，その市場規模も期待されています．

## デバイス構造

### ● GaN HEMTの一般的な構造

図4に一般的なSi-MOSFETとGaN-HEMTの断面図を示します．従来，基地局向けなどの高周波用途ではSiC基板が用いられていました．しかし，電源用途においては大口径低コスト基板での製造が望ましいで

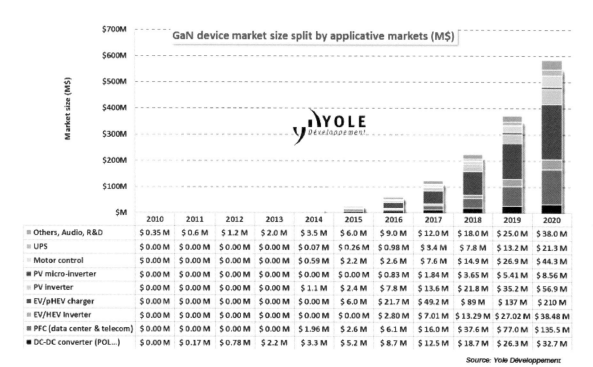

| | 2010 | 2011 | 2012 | 2013 | 2014 | 2015 | 2016 | 2017 | 2018 | 2019 | 2020 |
|---|---|---|---|---|---|---|---|---|---|---|---|
| Others, Audio, R&D | $0.35 M | $0.6 M | $1.2 M | $2.0 M | $3.5 M | $6.0 M | $9.0 M | $12.0 M | $18.0 M | $25.0 M | $38.0 M |
| UPS | $0.00 M | $0.00 M | $0.00 M | $0.00 M | $0.07 M | $0.26 M | $0.98 M | $3.4 M | $7.8 M | $13.2 M | $21.3 M |
| Motor control | $0.00 M | $0.00 M | $0.00 M | $0.00 M | $0.59 M | $2.2 M | $2.6 M | $7.6 M | $14.9 M | $26.9 M | $44.3 M |
| PV micro-inverter | $0.00 M | $0.00 M | $0.00 M | $0.00 M | $0.00 M | $0.00 M | $0.83 M | $1.84 M | $3.65 M | $5.41 M | $8.56 M |
| PV inverter | $0.00 M | $0.00 M | $0.00 M | $0.00 M | $1.1 M | $2.4 M | $7.8 M | $13.6 M | $21.8 M | $35.2 M | $56.9 M |
| EV/pHEV charger | $0.00 M | $0.00 M | $0.00 M | $0.00 M | $0.00 M | $6.0 M | $21.7 M | $49.2 M | $89 M | $137 M | $210 M |
| EV/HEV Inverter | $0.00 M | $0.00 M | $0.00 M | $0.00 M | $0.00 M | $0.00 M | $2.80 M | $7.01 M | $13.29 M | $27.02 M | $38.48 M |
| PFC (data center & telecom) | $0.00 M | $0.00 M | $0.00 M | $0.00 M | $1.96 M | $2.6 M | $6.1 M | $16.0 M | $37.6 M | $77.0 M | $135.5 M |
| DC-DC converter (POL...) | $0.00 M | $0.17 M | $0.78 M | $2.2 M | $3.3 M | $5.2 M | $8.7 M | $12.5 M | $18.7 M | $26.3 M | $32.7 M |

GaN device market size split by applicative markets (M$)

Source: Yole Développement

図3[1]　GaNのマーケティング予測

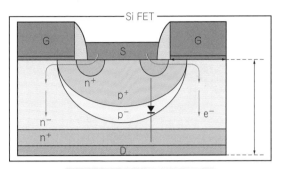

●ボディ・ダイオードの生成も容易

(a) Si

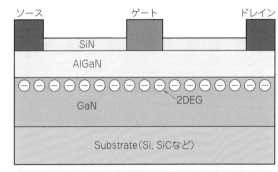

●2DEG(2次電子ガス)の電子が移動することで電流が流れる
●$V_{th}$>0にするにはゲートで2DEGを抑える必要がある(GaNの特性を抑える方向)で難しい
●ボディ・ダイオードがない

(b) GaN

図4　SiとGaNの断面図

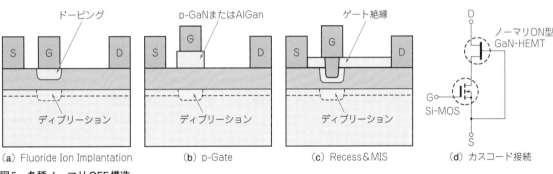

(a) Fluoride Ion Implantation　　(b) p-Gate　　(c) Recess&MIS　　(d) カスコード接続

図5　各種ノーマリOFF構造

す．よって近年では，6インチ以上の口径をもつSi基板を用いることが一般的となりました．

　そのSi基板上に窒化アルミニウム・ガリウム（AlGaN）と組み合わせてAlGaN/GaNヘテロ構造を形成し，2次電子ガス層（2DEG）を発生させます．この2DEGにある電子が高速に移動するので，GaN-HEMTは高速スイッチング・デバイスと言われています．

　Si-MOSFETは内部にNPN構造ができるためボディ・ダイオードが内蔵されているように見えますが，GaN-HEMTにはボディ・ダイオードはありません．

　また，GaN-HEMTは常に2DEGが発生する構造なので，ゲート電圧が0ボルトでも電流が流れるノーマリON型デバイスとなります．ノーマリON型（ディプリーション型とも呼び，この型のGaNをD-mode GaNと表現する）は，閾値電圧（$V_{th}$）が負の値であるため，ゲート電圧にマイナスの電圧をかけるまでOFFしないという特徴があります．

　電源素子として使用されているMOSFETのほとんどは，ノーマリOFF型（エンハンスメント型とも呼び，この型のGaNをE-mode GaNと表現する）なので，MOSFETからGaNに置き換えていくには，$V_{th}$が1.5 V

以上のノーマリOFF型デバイスであることが望ましく，この大きな特徴がこれまでなかなか実用に至らない原因でした．

● ノーマリOFFにするために

　図5にGaN-HEMTをノーマリOFF型にするための例を示します．特にゲート周りの構造について，各研究機関からさまざまな構造が提案されています．
(a) F注入ゲート構造
(b) p-GaNゲート構造
(c) リセス・ゲート構造
この3手法は，いずれもゲート下だけ2DEGの発生を，ゲート電圧でコントロールできるように工夫した構造です．現時点ではこれらの手法では$V_{th}$が1 V前後と，電源素子として使用するには低すぎる$V_{th}$となってしまい，ノーマリOFF型ではあるものの，なかなか実用しづらい特性です．

　そのため，GaN-HEMTそのものはノーマリON型で使用できるように，回路で工夫させたものがカスコード接続のGaN-HEMTです．

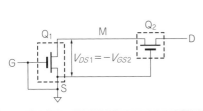

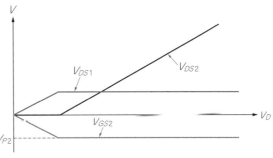

- $V_{DS1}$（$Q_1$の$V_{DS}$）は$V_{GS2}$（$Q_2$の$V_{th}$）まで上昇しクランプされる
- $Q_2$の$V_{DS}$：$V_{DS2} = V_D + V_{GS2}$（約600V）

(**a**) OFF状態：$V_{GS} = 0$

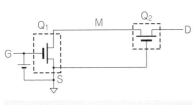

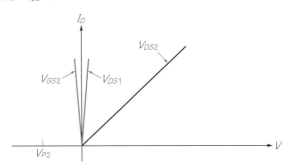

- $Q_1$＆$Q_2$ともにON
- $R_{ON} = R_{ON1}$（約10mΩ）$+ R_{ON2}$（約140mΩ）

(**b**) ON状態：$V_{GS} \gg V_{TH1}$

**図6　カスコード接続の動作**

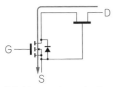

(**a**) Forward conduction

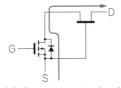

(**b**) Reverse conduction 1
($V_{GS} < V_{th}$)

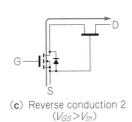

(**c**) Reverse conduction 2
($V_{GS} > V_{th}$)

**図7　カスコード型GaN HEMT**

Cascode GaN HEMT

(**d**) $V_{DS}$-$I_D$

## ● カスコード型GaN-HEMT

　**図6**にカスコード接続のOFF時とON時の電圧電流を示します．OFFのとき［**図6**(**a**)］は見かけの$V_{DS}$が上昇するにつれて，$Q_1$の$V_{DS}$が$Q_2$の$V_{th}$（<0）にマイナスを掛けた値まで上昇し，クランプされます．ONのとき［**図6**(**b**)］は$Q_1$と$Q_2$のON抵抗の合成になります．このとき，$Q_2$の$V_{gs}$が$Q_1$のON電圧ぶんだけマイナスに振れますが，$Q_2$の$V_{th}$（<0）に対してマージンがあれば，ON中に誤動作しません．この$Q_1$をノーマリOFFの低耐圧Si-MOSFET，$Q_2$をゲート構造が通常の絶縁ゲート構造のままのノーマリON型GaN-HEMTにしたものが，カスコード接続型GaN-HEMTです．

　**図7**にカスコード型GaN-HEMTを示します．ゲート駆動に低耐圧Si-MOSFETの特性を利用できるため，高耐圧Si-MOSFETに比べ低ゲート容量（$Q_g$），低逆回復電荷（$Q_{rr}$）の特性で，GaNの高速性を損なうことなく高速動作が可能になります．

また，還流電流は$V_{GS} < V_{th}$のときはSi-MOSFETのボディ・ダイオードを通って電流が流れるので，外付け還流ダイオードは不要となります．

このようなカスコード型GaN-HEMTを採用しているのはTransphorm, rfmd(Qorvo), Infineonなどで，そのうちTransphormは600Vのカスコード型デバイスの量産を開始しています．

## デバイス性能

### ● パッケージ性能比較

表2に単体ノーマリOFF型GaNとカスコード型GaNの性能を示します．ノーマリOFF型のなかでもpGaNショットキーのゲート構造が最も市場に出回っていますが，この構造はゲート・リークが高く，$V_{th}$が低めで，ゲート電圧の最大定格も±6V前後と印加できる電圧範囲が限られており，専用ドライバが必要となることも多いです．

GaN-HEMTはボディ・ダイオードをもたないため，外付け還流ダイオードも必要です．しかし，単体で製造できるぶん，チップ・サイズが小さくON抵抗も低く，パッケージ製造コストが高くならないというメリットがあります．

一方，カスコード型GaNは低耐圧Si-MOSFETをゲート駆動に使えるため，ゲート・ドライバは従来品を使用することができ，ゲート電圧範囲もあまり気にする必要がありません．Siのボディ・ダイオードが使えるため，外付け還流ダイオードは不要です．しかし，パッケージ内に複数チップを内蔵させるため，パッケージ製造コストが高くなり，ワイヤによる内部寄生インダクタンスの考慮が必要となります．

表3にSi-MOSFETとカスコード型GaNを比較しました．Si-MOSFETは高速スイッチングに最適化され，ユーザに広く使用されているInfineonのCoolMOS IPP60R160P6，カスコード型GaNはTransphormのTPH3006PSです．カスコード型GaNはゲート容量$Q_g$

### 表2 単体ノーマリOFF型GaNとカスコード型GaNの比較

| | 単体ノーマリOFF型GaN | カスコード型GaN | |
|---|---|---|---|
| $V_{DS}$ [V] | 600 | 600 | |
| $I_D$@25℃ [A] | 15 | 17 | |
| ゲート構造 | pGaNショットキー構造 | MIS構造 | |
| $V_{GSS}$ [V] | ±6V（推定） | ±18V | 従来の |
| $V_{th\text{(typ)}}$ [V] | 1.2 | 1.8 | MOSFET |
| $I_{GSS}$ | 高め | 低め | 用ドライバ が使える |
| 外付け還流ダイオード | 必要 | 不要（LV-MOSのBody-Di使う） | |
| $R_{ON}$@25℃ [mΩ] (typ) | 71 | 150 | |
| $R_{ON\_stress}(V_{DS}=600\text{V})$ | ～142（約2倍に増加） | <175（増加は15%程度） | |
| $Q_g$ [nC] | 9 | 6.2 | |
| コスト（Si-MOSFET比） | ウェーハ製造コストで若干上がる | ウェーハ製造コストだけでなく，パッケージ組み立てコストも上がる | |
| 内部インダクタンス | | ワイヤが多くなるので内部インダクタンス増加 | |

### 表3 Si-MOSFETとカスコード型GaNトランジスタの比較

| 記号 | パラメータ | 単位 | Si-MOSFET IPP60R160P6 (Infineon) | カスコード型GaN TPH3006PS (Transphorm) |
|---|---|---|---|---|
| $V_{DSS}$ | Drain to Source Voltage | V | 600 | 600 |
| $R_{DS(ON)}$ | Static on Resistance | ohm | 0.144[1] | 0.15[2] |
| $Q_g$ | Total Gate Charge | nC | 44[3] | 6.2[4] |
| $Q_{gd}$ | Gate to Drain Charge | nC | 15[3] | 2.2[4] |
| $C_{o(er)}$ | Output Capacitance energy related | pF | 72[5] | 56[6] |
| $C_{o(tr)}$ | Output Capacitance time related | pF | 313[5] | 110[6] |
| $Q_{rr}$ | Reverse Recovery Charge | nC | 5300[7] | 54[8] |
| $t_{rr}$ | Reverse Recovery Time | ns | 350[7] | 30[8] |

[1] $V_{GS}=10\text{V}$, $I_D=9\text{A}$, $T_j=25℃$, Typical値
[2] $V_{GS}=8\text{V}$, $I_D=11\text{A}$, $T_j=25℃$, Typical値
[3] $V_{DD}=400\text{V}$, $I_D=11.3\text{A}$, $V_{GS}=0～10\text{V}$
[4] $V_{DD}=100\text{V}$, $I_D=11\text{A}$, $V_{GS}=0～4.5\text{V}$
[5] $V_{GS}=0\text{V}$, $V_{DS}=0～400\text{V}$
[6] $V_{GS}=0\text{V}$, $V_{DS}=0～480\text{V}$
[7] $V_R=400\text{V}$, $I_F=11.3\text{A}$, $di/dt=100\text{A/ns}$
[8] $V_R=480\text{V}$, $I_F=11\text{A}$, $di/dt=450\text{A/ns}$

や出力容量が小さく，逆回復特性が桁違いに小さいので，ゲート・ドライブ損失やスイッチング損失が小さくなることが容易に予想されます．

● **スイッチング特性**

図8[2]，図9にスイッチング波形の概略を示します．スイッチングの遷移時間($t_r$, $t_f$)が速ければ，スイッチング損失は小さくなります．IGBTはターンオフ時の電流テール時間($t_{tail}$)があるため，スイッチング損失は大きくなってしまいます．

$t_r$, $t_f$に関係するトランジスタのパラメータは，それぞれ入力容量$C_{iss}$と出力容量$C_{oss}$ですが，特にターンオフのスイッチング損失Eoffに関係する出力容量を$C_{o(er)}$と定義し，データシートに記載されることがあり

ます．最近のSi-MOSFETや新デバイスのSiCやGaNは低スイッチング損失をアピールするため，データシートに$C_{o(er)}$が記載されていることが多くなっています．

表4におもなパラメータの比較，図10に容量の電圧依存グラフの比較を示します．比較に用いたのは，FRD内蔵IGBTのRJH60F3DPQ-A0（ルネサス エレクトロニクス），高速Si-MOSFET IPP60R160C6（Infineon），SiC MOSFET SCT2120AF（ローム），カスコード型GaN TPH3006PS（Transphorm）です．また，容量値だけでなく，$E_{oss}$（出力容量の蓄積エネルギー）や$E_{off}$の$V_{DS}$依存性グラフが掲載されていることもあるので，この値を使ってスイッチング損失を見積もることができます．

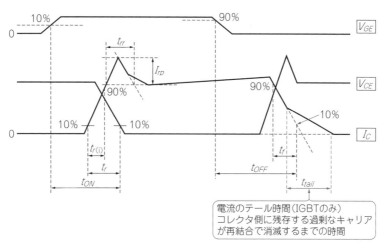

電流のテール時間（IGBTのみ）
コレクタ側に残存する過剰なキャリアが再結合で消滅するまでの時間

図8[2]　IGBTスイッチング波形とパラメータ

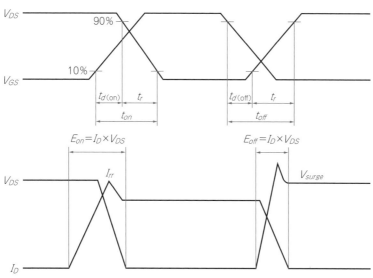

図9　MOSFETのスイッチング波形とパラメータ

表4 スイッチング遷移時間に影響するパラメータ

| 項目 | 単位 | IGBT(FRD内蔵) RJH60F3DPQ-A0 (ルネサス) | Si-MOSFET IPP60R160C6 (Infineon) | SiC-MOSFET SCT2120AF (ローム) | カスコード型GaN TPH3006PS (Transphorm) | 条件 |
|---|---|---|---|---|---|---|
| $V_{DSS}$ | V | 600 | 650 | 650 | 600 | |
| $R_{DS(ON)}$ | Ω | – | 0.14 | 0.12 | 0.15 | $T_j = 25℃$ |
| $I_D$ | A | 40 | 23.8 | 29 | 17 | $T_c = 25℃$ |
| $C_{iss}$ | pF | 1260 | 1660 | 1230* | 740 | $V_{GS} = 0$ V, $V_{DS} = 100$ V, $f = 1$ MHz |
| $C_{oss}$ | pF | 25* | 100 | 138* | 133 | $V_{GS} = 0$ V, $V_{DS} = 100$ V, $f = 1$ MHz |
| $C_{o(er)}$ | pF | 記載なし | 66(0-480V) | 115(0-300 V) | 56(0-480 V) | $V_{GD} = 0$ V, $V_{DS}$はカッコ内 |
| $t_r$ | ns | 96(400 V, 30 A) | 13(400V, 11.3A) | 31(300 V, 10 A) | 3(480 V, 11 A) | |
| $t_f$ | ns | 92(400 V, 30 A) | 8(400V, 11.3A) | 19(300 V, 10 A) | 3.5(480 V, 11 A) | |
| $Q_{rr}$ | nC | 記載なし | 8200 | 53 | 54 | |
| $T_{rr}$ | ns | 90 (20 A, 100 A/μs) | 460(400 V, 11.3 A, 100 A/μs) | 33(400 V, 10 A, 160 A/μs) | 30(480 V, 11 A, 450 A/μs) | |

＊グラフから目読み

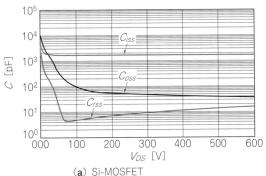

（a）Si-MOSFET
IPP60R160C6(Infineon)

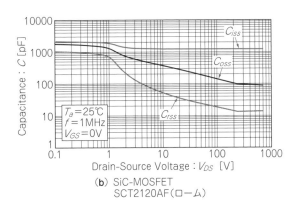

（b）SiC-MOSFET
SCT2120AF(ローム)

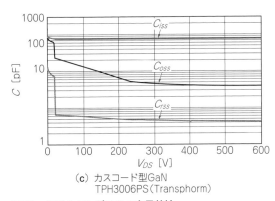

（c）カスコード型GaN
TPH3006PS(Transphorm)

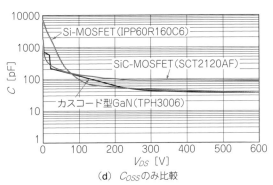

（d）$C_{OSS}$のみ比較

図10 各種トランジスタの容量特性

図11にカスコード型GaN(前出 TPH3006PS)のシミュレーション・データとSiC(前出 SCT2120AF)のスイッチング損失を比較します．GaNのほうがより高速で，スイッチング損失を極限まで小さくすることができることが示されています．

これまで遷移時間の速さに関するパラメータについて記述してきましたが，図8や図9に示したように，ターンオン時の損失$E_{on}$には遷移時間$t_r$のみならず，ターンオン時に発生するピーク電流の大きさも影響し

ます．このピーク電流は図12に示すように，ハイ・サイドにあるダイオード成分の逆回復電流がロー・サイドに流れ込むことにより発生するものです．そのため，昇圧ダイオードやハイ・サイドのボディ・ダイオードの逆回復特性が良いかどうかも，スイッチング損失に影響してきます．

逆回復特性を表すおもなパラメータは逆回復時間($t_{rr}$)や逆回復電荷量($Q_{rr}$)です．図13に高速Si-MOSFETのなかでも低$Q_{rr}$のSPA20N60CFD(Infineon)とカス

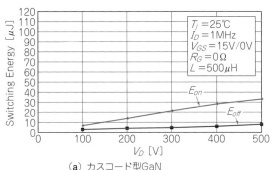

（a）カスコード型GaN
　　TPH3006PS（Transphorm）

※LTspiceでのシミュレーション結果

図11[(1), (2)]　スイッチングエネルギー比較

（b）SiC-MOSFET
　　SCT2120AF（ローム）

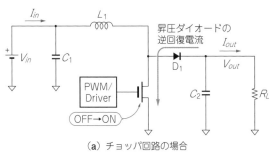

（a）チョッパ回路の場合

この期間のターンオン損失が特に大きい

ソフトリカバリ特性が望まれる（回路の浮遊インダクタンスを小さくすることが前提である）

（c）ダイオードの逆回復特性

（b）ハーフ・ブリッジの場合

図12　ダイオードの逆回復特性の影響

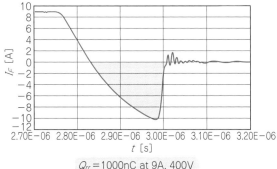

$Q_{rr}$＝1000nC at 9A, 400V
100A／$\mu$s

（a）低$Q_{rr}$のSi-MOSFET
　　SPA20N60CFD（Infineon）

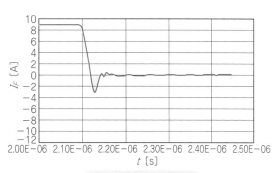

$Q_{rr}$＝54nC at 9A, 400V
450A／$\mu$s

（b）カスコード型GaN
　　TPH3006PS（Transphorm）

図13　Bodyダイオードの逆回復特性比較

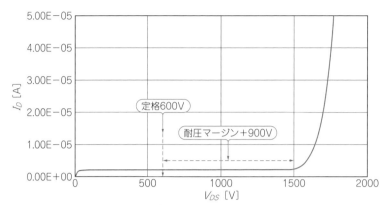

図14 カスコード型GaNの耐圧（TPH3006，Transphorm）

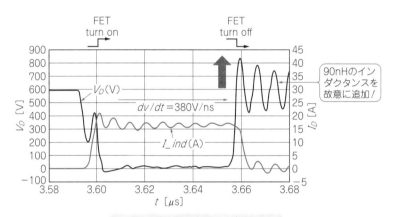

TPH3006PSは定格600Vだが，850Vの
ピーク電圧が加わっても破壊しない

図15 ドレイン側の寄生インダクタンスによるサージ

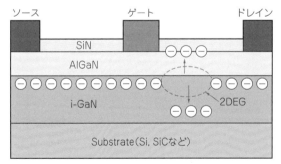

図16 電流コラプス現象の概略図

コード型GaN-HEMT TPH3006PS（Transphorm）の逆回復特性を示します．Si-MOSFETの$Q_{rr}$は低くても$1\mu C$（1000 nC）程度ですが，カスコード型GaNは約50 nCと1/20の特性で，逆回復電流が非常に小さいことがわかります．

表4に示しましたが，SiCもGaNと同等の特性をもっています．IGBT自体はボディ・ダイオードをもたないので，用途に応じてさまざまなダイオードがパッケージに内蔵されています．高速スイッチング目的のIGBTにはファスト・リカバリ・ダイオードが内蔵されることが多かったのですが，近年ではより高速なSiC-SBDを内蔵しているハイブリッド・モジュールも発売されています．

● 耐圧と動的性能

図14に600 Vカスコード型GaN TPH3006（Transphorm）の耐圧性能を示します[3]．アバランシェ耐量がGaNにはないと言われていますが，600 V品に対して十分なマージンのある実耐圧をもたせることで解決しています．ドレイン側に寄生インダクタンス90 nHを追加し，意図的にターンオフ時の$V_{DS}$サージを発生させたとしても（図15），定格に対して十分に耐圧マージンを取っていれば，サージによって破壊されません[4]．

従来GaN HEMTでは電流コラプスと呼ばれるON抵抗変動が懸念されていました．図16に電流コラプス現象の概略図を示します．ドレイン-ソース間の高

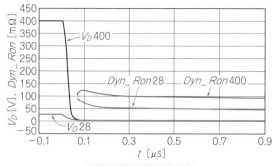

(a) 電流コラプスが発生する例

49mΩ→91mΩ（+86%）

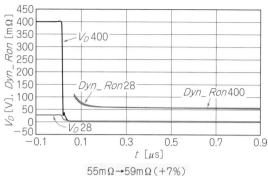

(b) 電流コラプスが発生しない例

55mΩ→59mΩ（+7%）

**図17 動的オン抵抗の波形**

電圧負荷により, 2DEGの一部電子がトラップされてしまう現象です. これにより電流が流れにくくなり, ON抵抗の増加につながってしまいます.

**図17**に動的ON抵抗の評価結果を示します. 動的ON抵抗とは, OFFでドレイン電圧をかけたあと, ONにしてからns〜μsレベルでのON抵抗測定を行うことです. MHz以上の高速駆動で使用したい場合では, このようなns〜μsレベルでの評価が重要となります.

**図17(a)**には動的ON抵抗が変動する例, **図17(b)**にはほぼ変動しない例を示しています. **図17(a)**のように約2倍に上昇してしまっては, 電源回路での定常損失に大きく影響するので要注意です.

また, **図18**にカスコード型GaN（前出TPH3006）の動的ON抵抗の電圧依存データを示します. 400Vのドレイン電圧までの変動率が1.2倍以内であり, 測定系の限界である1000Vまで動的ON抵抗に問題がないことを証明できています. 600Vぎりぎりではなく, 600V品に対しての十分なマージンを有しているデバイスが完成しています[3].

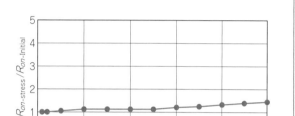

- ON時5Aのスイッチング
- Turn-on後0.5μs時点での$R_{on}$上昇率
- 400Vまでで1.2倍以下の変動

**図18 カスコード型GaNの動的オン抵抗**（TPH3006PS, Transphorm）

# GaNを搭載した回路

GaNパワー・デバイスを搭載した回路実証例を紹介します.

● **ゲート抵抗と$dv/dt$, $di/dt$**

**図19**に, ゲート抵抗を20Ωまで振ったときの$dv/dt$と$di/dt$の値をSi-MOSFETと比較しました[5]. カスコード型GaNはSi-MOSFETよりも高速で, 特に$di/dt$は約10倍となっています. ゲート抵抗を20Ωまで増やしても減少率が小さく, 高速なままです.

そもそもゲート抵抗でドレイン電圧の$dv/dt$を調整できる原理は, $C_{gd}$のミラー効果によるもので, この$C_{gd}$が小さければミラー容量も小さいので, $dv/dt$はあまり遅くなりません. Si-MOSFETの$C_{gd}$は数十pFありますが, GaNは数pFと1桁小さいので, ゲート抵抗の効果も1/10となります[**図20**中の式(1)].

よって, GaNにおいては$dv/dt$, $di/dt$はSiよりも1桁速いものとして設計する必要があります. これらのパラメータは寄生素子の影響が大きくなることを示します[式(2)]. $dv/dt$と寄生容量により電流サージ, $di/dt$と寄生インダクタンスにより電圧サージが発生します. GaNを搭載するにあたって, これらの寄生成分は極力小さくする必要があります.

$$\Delta v = L\frac{dv}{dt}$$
$$\Delta i = C\frac{di}{dt}$$ ·········································· (2)

● **バック・コンバータ：IGBT＋SiC－SBDと比較**

**図21**にバック・コンバータの例を示します. IGBTブリッジと還流ダイオードにSiCのショットキーを組み合わせたもの[**図21(a)**]と, カスコード型GaNの

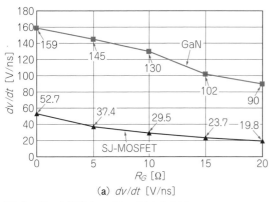

(a) $dv/dt$ [V/ns]

(b) $di/dt$ [A/ns]

図19　ゲート抵抗と$dv/dt$, $di/dt$@15A

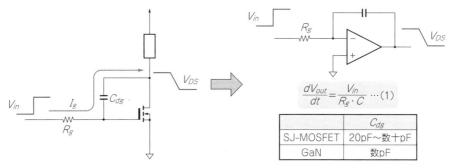

$$\frac{dV_{out}}{dt} = \frac{V_{in}}{R_g \cdot C} \cdots (1)$$

|  | $C_{dg}$ |
|---|---|
| SJ-MOSFET | 20pF～数十pF |
| GaN | 数pF |

図20　ゲート抵抗による遅延効果

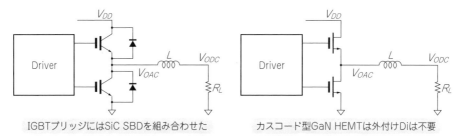

IGBTブリッジにはSiC SBDを組み合わせた

(a) Si IGBT Bridge Converter

カスコード型GaN HEMTは外付けDiは不要

(b) GaN Bridge Converter

| 項　目 | IGBT | カスコード型GaN |
|---|---|---|
| $V_{bd}$ | 600V | 600V |
| $I_{max}$ at 25℃ | 23A | 17A |
| $I_{max}$ at 100℃ | 12A | 12A |
| $V_{ce}(R_{on})$ | 2.1V at 12A | 0.15Ω |

(c) 定格の比較

図21　バック・コンバータ（GaN 対 IGBT＋SiC−SBD）

みのブリッジ・コンバータ［図21（b）］の比較です．
カスコード型GaNは低耐圧MOSFETのボディ・ダイ
オードを還流ダイオードとして利用できるので，外付
けダイオードなしで構成することができます．
　波形を図22に示します．遷移時間がターンオン／オ
フともにGaNのほうが速いことがわかります．図23

に100kHz駆動での損失と効率，図24に損失と効率
の周波数依存のグラフを示します．GaNは100kHz
で99％という高効率で，周波数を300kHzに上げても
98％の効率です．外付けのデバイスが少なく，シンプ
ルなハーフ・ブリッジで高効率な回路が実現できるこ
とを示しています．

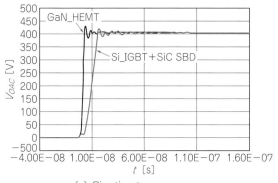

（a）Rise time：
　　GaN＝2.8nS（1.5〜2ns）
　　Si IGBT＝7nS

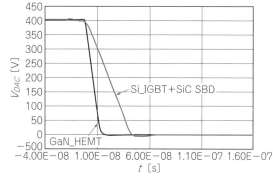

（b）Fall time：
　　GaN＝8nS
　　Si IGBT＝42nS

**図22　バック・コンバータの波形比較**（＠400V，4.5A）

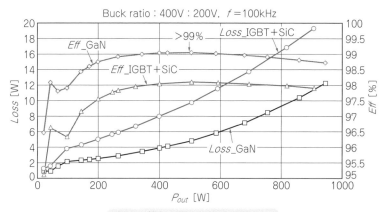

● GaNの効率は0.8〜1.5％上回っている
● GaNのコンバータは効率99％達成

**図23　バック・コンバータの損失比較＠100kHz**（DC入力，全損失比較）

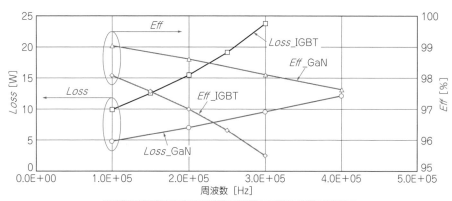

● Si IGBTの損失は周波数とともに上昇（400kHzで破壊）
● GaNブリッジ・コンバータは300kHzでも98％以上の効率
● 高速PWMでインダクタのサイズを小さくすることができる

**図24　バック・コンバータの動作周波数依存**

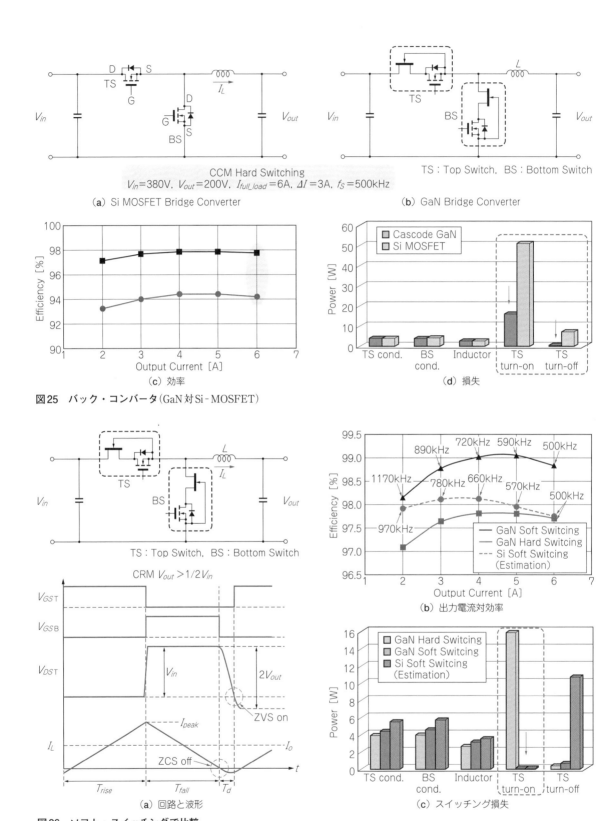

CCM Hard Switching
$V_{in}=380V$, $V_{out}=200V$, $I_{full\_load}=6A$, $\Delta I=3A$, $f_S=500kHz$

（a）Si MOSFET Bridge Converter

TS：Top Switch，BS：Bottom Switch

（b）GaN Bridge Converter

（c）効率

（d）損失

**図25　バック・コンバータ（GaN 対 Si - MOSFET）**

TS：Top Switch，BS：Bottom Switch

CRM $V_{out}>1/2V_{in}$

（a）回路と波形

（b）出力電流対効率

（c）スイッチング損失

**図26　ソフト・スイッチングで比較**

## ● バック・コンバータ：SI-MOSFETと比較

図25にバック・コンバータのSi-MOSFETとカスコード型GaNの比較を示します．今度は500kHz駆動での比較です．出力200V・6A（1.2kW）においてGaNは約98％と，Si-MOSFETよりも4％も高い効率となっています［図25(c)］．損失の内訳を見ると［図25(d)］，ターンオンのスイッチング損失が約1/3に減少しています．また，ターンオフのスイッチング損失はSi-MOSFETの損失も小さいのですが，カスコード型GaNにおいては1W以下と非常に損失が抑えられているのがわかります．

さらに，ソフト・スイッチングで駆動した例を図26に示します[6]．先ほどと同じように，出力200V・6A

（1.2kW）でGaNのハード・スイッチング時の損失，GaNのソフト・スイッチング時の損失，Siのソフト・スイッチング時の損失を比較すると［図26(c)］，ソフト・スイッチングでターンオンのスイッチング損失がほぼゼロに抑えられる一方，ターンオフでのスイッチング損失の差が大きく目立つようになることがわかります．

## ● 1石PFCとLLCコンバータ

力率改善回路（PFC）とLLCコンバータを搭載した250W（12V_DC出力）電源ボードを写真1，図27に示します．Si-MOSFETを用いた場合よりも高い効率を得ています．

**写真1　ボードの外観**（上：GaN搭載評価ボード，下：Si-MOSFET搭載既製品）

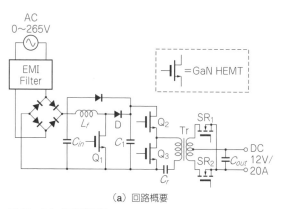

（a）回路概要

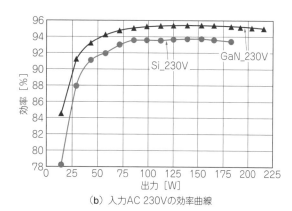

（b）入力AC 230Vの効率曲線

**図27　AC-DC電源例**

表5　AC-DC電源の比較

| 項　目 | Si FET<br>搭載既製品 | トランスフォーム社<br>GaN評価ボード |
|---|---|---|
| 周波数〔kHz〕 | 90 | 200 |
| 効率〔%〕 | 93.7 | 95.4（1.7％改善） |
| 出力〔W〕 | 185 | 250 |
| LLC部面積〔cm$^2$〕 | 58.61 | 34.24（40％削減） |
| パワー密度〔W/cm$^3$〕 | 1.5 | 3.7（2.4倍増） |

　高効率のため放熱面積を縮小することができ，さらに高速駆動にしているためコイルやフィルタが小型になり，パワー密度が2.4倍の3.7 W/cm$^3$となっています（表5）．

## GaNパワー・デバイスが搭載された製品

　これまでは実験レベルの回路搭載例を紹介してきましたが，近年徐々に製品にGaNパワー・デバイスが搭載されはじめているので，一部を紹介します．
　まずは高級オーディオのパワー・アンプです．Samsungの高級ホームシアター・システム（165 W/170 W）には2013年に搭載されました[i]．国内ではパナソニックの高級オーディオ・ブランド"Technics"のステレオ・パワー・アンプ（150W/300W）に2014年に搭載されています[ii]．これらはGaN-HEMTの高速性を活かし，PWM信号を高精度に増幅させるために採用されています．
　そして2015年には，安川電機からGaNパワー・モジュールが搭載された太陽光発電用パワー・コンディショナ（4.5 kW）が発売されました[iii]．こちらは従来のパワコンの駆動周波数（20 kHz前後）から高周波化することで，高効率小型化だけでなく，モスキート音を抑制するという低音性を特徴として打ち出しています．
　また，東芝ライテックからはGaNパワー・デバイスを搭載した電源回路（駆動周波数700 kHz）を内蔵した小型LED電球を発売し，注目を集めています[iv]．
　次世代デバイスと言われていたGaNパワー・デバイスも，今や我々の生活に身近なデバイスになりつつあります．今後もGaNパワー・デバイスの特性を活かした製品がどんどん発売されていくでしょう．

◆ 参考・引用＊文献 ◆

(1)＊ Yole Development, "Power GaN Market 2014," 2014.
(2)＊ 富士電機株式会社：富士IGBTモジュールアプリケーションマニュアル，2011.
(3) T. Kikkawa, T. Hosoda, K. Imanishi, K. Shono ; "600V JEDEC-Qualified Highly Reliable GaN HEMTs on Si Substrates", IEDM, IEEE, 2014.
(4) K. Shono, T. Kikkawa, T. Hosoda ; "GaNパワートランジスタの信頼性 － すでに実用段階", 応用物理学会先進パワー半導体分科会第1回研究会テキスト，2014.
(5) Z. Wei, H. Xiucheng, C. L. Fred, L. Qiang ; "Gate drive design considerations for high voltage cascode GaN HEMT", Applied Power Electronics Conference and Exposition (APEC), Twenty-Ninth Annual IEEE, 2014.
(6) H. Xiucheng, L. Zhengyang, L. Qiang, Fred.C.Lee ; "Evaluation and Application of 600V GaN HEMT in Cascode Structure", Power Electronics, IEEE Transactions on (Volume : 29, Issue : 5), 2013.
(5)．(6) Work done by CPES(Center of Power Electronics Systems), Virginia Tech.
(i) http://www.samsung.com/br/consumer/tv-audio-video/home-theater/blu-ray-3d-home-theater/HT-F9750W/ZD
(ii) http://jp.technics.com/products/r1/poweramplifier/
(iii) http://www.yaskawa.co.jp/wp-content/uploads/2015/03/YN310P04_08.pdf
(iv) http://www.tlt.co.jp/tlt/press_release/p150227/p150227.htm

# 第2章

GaN パワー・デバイスを中心に…

# 最新ワイドギャップ・パワー・デバイスの基本特性比較

永吉 浩
Nagayoshi Hiroshi

　最近のパワー・デバイスの進歩には目を見張るものがあり，従来からのシリコン系パワー MOSFET はスーパージャンクション構造の導入で，シリコンの物性限界を超える低 ON 抵抗の実現を可能にしました．一方で，シリコンに代わる次世代半導体材料の開発が進み，ガリウム・ナイトライド(GaN)，シリコン・カーバイド(SiC)が大きく注目されています．

　これらの材料は半導体のエネルギー・ギャップがシリコンより大きいために，ワイドギャップ半導体材料と呼ばれます．実用化において SiC パワー・デバイスが先行していましたが，近年 GaN 系パワー・デバイスの市場供給が始まりました．

　これらワイドギャップ半導体を用いたパワー・デバイスの登場で，パワー・エレクトロニクスの分野に変革が起こりつつあります．本稿では，最近登場した高性能パワー・デバイスのスイッチング特性などの基本的性能を比較し，導入の参考になる情報を提供したいと思います．

　最近の高性能 Si パワー・デバイス，SiC パワーMOSFET についてはすでに多くの解説があるので，ここでは最近実用化が始まったばかりの GaN パワー・デバイスを中心に説明します．

## GaN HEMT の基本構造

　GaN HEMT(High Electron Mobility Transistor)の基本構造を図1に示します．現在製作されている GaNデバイスはシリコン基板上に形成されており，SiC に比べてコスト的に有利であると考えられます．

● GaN デバイスの特徴

　一般に，格子定数が一致しない異種基板上に結晶を成長させる場合，成長初期の結晶は欠陥を多く含みます．このため，現在生産されているものは結晶成長表面を利用した横型デバイスとなっており，縦型デバイスに比べて大電力化に不利となります．一方，構造的にゲート-ドレイン帰還容量($C_{gd}$)が小さく，高周波スイッチングに有利となります．

　GaN は，電気陰性度の異なる元素から構成されているため結晶がイオン性を帯びています．このような結晶に機械的なひずみが加わると正電荷，負電荷の重心位置がずれて分極を生じます．GaN HEMT デバイスは，バンド・ギャップの広い AlGaN ゲート層を GaNの上に成長させた構造となっています．両者は結晶の格子定数がわずかに異なるために界面に機械的ひずみが生じ，その結果，界面付近に強い分極電界が発生します(ピエゾ効果)．

　通常，シリコン基板上の GaN 結晶はウルツ鉱型と言われる構造をしており，その基本骨格外形は六角柱構造です．結晶は，この六角柱の中心軸(c軸)方向に向かって成長させます．この場合，ピエゾ効果のためにAlGaN/GaN 界面に高濃度の電子チャネルが形成されます．つまり，AlGaN/GaN 構造を利用して作る横型 GaN デバイスは，ゲート電圧をかけない状態でドレイン-ソース間が導通しているノーマリ ON 型デバイスになります．

　分極によって生じているキャリアは非常に高濃度($1×10^{13}$/cm$^2$以上)であるので，ON 抵抗は大変低くなります．さらに，ゲート容量はシリコン・デバイスに比べて1桁小さい値にすることができます．

　しかし，ノーマリ ON 型のデバイスではゲート・ドライブなどのトラブル時に大きな貫通電流が流れると考えられ，実用化への妨げとなっていました．現在，デバイス構造を工夫してノーマリ OFF 化する研究が盛んになっていますが，本来の材料特性を損なうこと

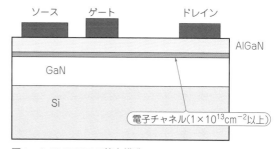

**図1　GaN HEMT の基本構造**

が多く，実用化にはまだ時間がかかるようです．

現在，ノーマリOFF型GaNデバイスとして実用レベルに達しているのは，低耐圧のノーマリOFFデバイスと組み合わせたカスコード構造です．このなかでトランスフォーム社のカスコードGaNデバイスは，低耐圧SiパワーMOSFETとノーマリON型GaN HEMTを組み合わせた構造をしており，GaNパワー・デバイスとして半導体技術協会(JDEC)の信頼性試験をクリアしています．

### ● カスコード構造

図2にトランスフォーム社TPH3006PSの外観と回路記号を示します．低耐圧SiパワーMOSFETとGaN HEMTのカスコード接続となっているので，データシートでは二つのFETを組み合わせた記号が使用されています．

ここでは，低耐圧SiパワーMOSFETとGaN HEMTを，それぞれ$Q_1$，$Q_2$とします．入力閾値電圧は$Q_1$の閾値で決まります．カスコード接続なので，$Q_1$の電圧ゲインは低く抑えられ，原理的にミラー効果は起きにくくなっています．OFF時の$Q_2$部分はON状態なので，還流電流は$Q_1$のバイアス状態によって図3のように流れます．

以上のようなハイブリット構造を導入することによって，入力容量など，本来のGaN単独構造の特性が損なわれますが，それでも従来デバイスを大きく凌駕する特徴を有しています．

### デバイスの損失

高速スイッチング回路のパワー・デバイスで発生するおもな損失は，下記のものがあげられます．
(1) 導通損失
(2) 遷移損失
(3) 出力容量の充放電損失
(4) ゲート・ドライブ損失

### ● 導通損失

ON抵抗損失は，FETのON抵抗によるジュール損失($I^2R$)であり，デバイスに依存します．SiパワーMOSFETでは，スーパージャンクション構造などの導入によって導通損失が従来に比べて大変小さくなりました．

一方，SiCやGaNでデバイスを構成すると，ON抵抗は潜在的にさらに小さくすることが可能です．

### ● 遷移損失

遷移損失は，ON/OFF遷移時にドレイン-ソース間の抵抗が中途半端な状態のときに流れる電流で生じる損失で，スイッチング周波数に比例します(「スイッチング損失」とすると，出力容量の充放電損失との区別がつかないので，ここでは「遷移損失」と表現した)．

ハード・スイッチングにおいてこの損失を減らすには，図4に示される電圧，電流の重なり領域の面積を減らせばよいわけで，遷移期間が短いほど損失を減らすことができます．

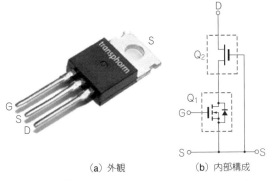

(a) 外観　(b) 内部構成

図2　GaNの構成と外観(TPH3006PS，トランスフォーム社)

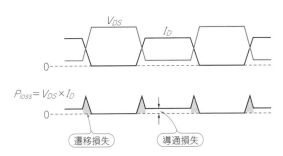

図4　パワー・デバイスで発生する遷移損失と導通損失

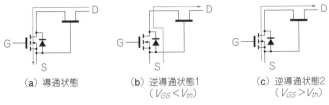

(a) 導通状態　(b) 逆導通状態1 ($V_{GS}<V_{th}$)　(c) 逆導通状態2 ($V_{GS}>V_{th}$)

図3　TPH3006PSの電流径路

● **出力容量の充放電損失/ゲート・ドライブ損失**

このように急峻な遷移特性を得るには，一般にゲート入力容量$C_{iss}$（またはゲート電荷量$Q_g$）と出力容量$C_o$ができるだけ小さいデバイスを用い，ゲート電荷を強力に充放電するドライバを使用すれば遷移時間は小さくなります．この充放電電荷ぶんは損失になります．

高速スイッチング用Siパワー MOSFETの$C_{iss}$は数白～2000 pF程度ですが，短時間で充放電を行うためにゲート・ドライバにはアンペア・オーダの電流駆動能力が必要になります．以前はディスクリートで構成することが多かったのですが，最近では高速かつ高ドライブ能力のドライバICが容易に入手できるようになりました．

SiC MOSFET，GaN HEMTは，Siパワー MOSFETよりゲート容量が小さく，高周波ドライブに有利になります．スイッチング周波数が数百kHz以上になると，出力静電容量の充放電による損失が無視できなくなります．トランジスタがスイッチング動作を行うとき，デバイスの出力容量を充放電します．その損失はスイッチング周波数に比例します．

出力静電容量は$V_{DS}$依存性があるため，最近の高速スイッチング用デバイスでは実効出力容量（時間依存）としてデータシートに示されています．**表1～表3**にある出力静電容量（$C_{oss}$）は，一定の$V_{DS}$を印加した状態で$LCR$メータを用いて測定される容量です．これに対して，実効出力静電容量は$V_{GS}=0$ Vの状態でソースに電荷を注入していったときの$V_{DS}$の電圧上昇特性から静電容量を算出します．電荷方法は2通りあります．抵抗を介して定電圧電源から電荷を注入すると，$V_{DS}$の電圧は$CR$の時定数で上昇していきます．電荷の注入時間と$V_{DS}$から算出される出力静電容量が$C_{o(tr)}$（Output capacitance time related）です．一方，定電流源により一定電流で電荷を注入したときの$V_{DS}$変化から算出される出力静電容量が$C_{o(er)}$（Output capacitance energy related）として示されています．実効出力容量は実動作状態で評価することは難しいので，$C_{o(tr)}$，$C_{o(er)}$が目安になります．**表2**，**表3**からわかるように，両者の測定値は大きく異なっています．$C_{o(tr)}$のほうが実動作条件に近いと考えられ，$C_{o(tr)}$を用いた実効出力容量の充放電損失の説明がメーカ資料などに見られます．

ここで，

入力容量：$C_{iss} \fallingdotseq C_{gd} + C_{gs}$

帰還容量：$C_{rss} \fallingdotseq C_{gd}$

出力容量：$C_{oss} \fallingdotseq C_{gd} + C_{ds}$

## 基本特性の比較

Si，SiC，GaNについて，実験により基本特性の比較を行います．使用したデバイスの基本スペックを**表1**～**表3**に示します．

Siパワー MOSFETは，インフィニオンIPA65R190C7で現時点の最新デバイスです．GaN HEMTは，トランスフォーム社のTPH3006PSでJDECの信頼性試験をクリアした最新板です．SiCパワー MOSFETは，

**表1 TPH3006PS（GaN）の基本仕様**

| 記号 | 名　称 | 仕様 | 単位 |
|---|---|---|---|
| $V_{DS}$ | ドレイン-ソース間電圧 | 600 | V |
| $R_{ON}$ | オン抵抗 | 0.15 | Ω |
| $C_{iss}$ | 入力容量 | 740 | pF |
| $C_{oss}$ | 出力容量 | 133 | pF |
| $C_{rss}$ | 帰還容量 | 5.6 | pF |
| $C_{o(er)}$ | 有効出力容量（エネルギー） | 56 | pF |
| $C_{o(tr)}$ | 有効出力容量（時間） | 110 | pF |
| $Q_g$ | ゲート総電荷量 | 6.2 | nC |
| $t_D$ | ターンオン遅延 | 4 | ns |
| $t_R$ | 立ち上がり時間 | 3 | ns |
| $t_D$ | ターンオフ遅延 | 10.5 | ns |
| $t_F$ | 立ち下がり時間 | 3.5 | ns |

**表2 IPA65R190C7（Si）の基本仕様**

| 記号 | 名　称 | 仕様 | 単位 |
|---|---|---|---|
| $V_{DS}$ | ドレイン-ソース間電圧 | 700 | V |
| $R_{ON}$ | オン抵抗 | 0.19 | Ω |
| $C_{iss}$ | 入力容量 | 1150 | pF |
| $C_{oss}$ | 出力容量 | 17 | pF |
| $C_{rss}$ | 帰還容量 |  | pF |
| $C_{o(er)}$ | 有効出力容量（エネルギー） | 34 | pF |
| $C_{o(tr)}$ | 有効出力容量（時間） | 374 | pF |
| $Q_g$ | ゲート総電荷量 | 23 | nC |
| $t_D$ | ターンオン遅延 | 11 | ns |
| $t_R$ | 立ち上がり時間 | 11 | ns |
| $t_D$ | ターンオフ遅延 | 54 | ns |
| $t_F$ | 立ち下がり時間 | 9 | ns |

**表3 C2M0160120（SiC）の基本仕様**

| 記号 | 名　称 | 仕様 | 単位 |
|---|---|---|---|
| $V_{DS}$ | ドレイン-ソース間電圧 | 1200 | V |
| $R_{ON}$ | オン抵抗 | 0.16 | Ω |
| $C_{iss}$ | 入力容量 | 527 | pF |
| $C_{oss}$ | 出力容量 | 47 | pF |
| $C_{rss}$ | 帰還容量 | 4 | pF |
| $C_{o(er)}$ | 有効出力容量（エネルギー） |  | pF |
| $C_{o(tr)}$ | 有効出力容量（時間） |  | pF |
| $Q_g$ | ゲート総電荷量 | 32.6 | nC |
| $t_D$ | ターンオン遅延 | 7 | ns |
| $t_R$ | 立ち上がり時間 | 12 | ns |
| $t_D$ | ターンオフ遅延 | 13 | ns |
| $t_F$ | 立ち下がり時間 | 7 | ns |

CREE社のC2M0160120を使用しました．同程度の
ON抵抗で選んだので，SiCの耐圧は1200Vとなって
います．

同じスペックでの比較ではないので直接的に優劣は
判断できませんが，どのような特徴になっているかを
見ていきましょう．

● ゲート・チャージ特性

パワー・デバイスを扱うにあたり，最も基本となる
特性です．評価回路を図5(a)，図5(b)に示します．
図5(a)は充電特性，図5(b)は放電特性の評価に使用
した回路です．一定電流でゲートに充電または放電を
行ったときのゲート電圧と$V_{DS}$の変化を観測しました．
負荷抵抗は無誘導250Ωを用い，発熱を避けるために
200Hz，40μsのパルスでドライブしています．定電
流回路により1.7mA一定で充電または放電を行って
います．

カレント・ミラーを使用した定電流回路の充電では，
電源電圧まで一定電流を保ち続けます．一方，放電側

の測定ではカレント・ミラー回路は使用できないので，
JFETを使った定電流回路を使用しましたが，0V付
近で一定電流を保てなくなります．ここでは負電源を
用いて$V_G$をマイナス側までスキャンしています．こ
れにより，0Vから電源電圧まで一定の放電電流を保
つようにしています．

図6は975pFのスチロール・コンデンサを接続し
たときの波形です．充電，放電ともに直線的に変化し
ており，1.7mA一定で充放電していることが確認で
きます．

図7にIPA65R190C7(Si)の結果を示します．$V_{DS}$に
電圧がかかっていないとき，$V_G$は直線的に変化し，
ゲート容量は一定です．一方，$V_{DS}$が印加されると，
波形に平坦部分が現れます．図7(a)で，平坦部分の
後の傾きは$V_{DS}$に電圧が印加されていない場合と同じ
になります．平坦部分が始まったところで$V_{DS}$が大き
く変化しています．この図から，このデバイスのゲー
ト閾値電圧が6V程度であることがわかります．

平坦部分では，ある期間ゲート電圧が一定になって

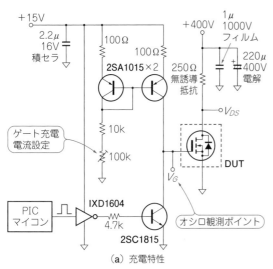

（a）充電特性

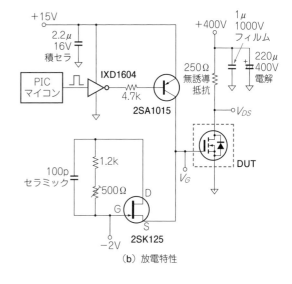

（b）放電特性

図5 ゲート・チャージ特性の測定回路

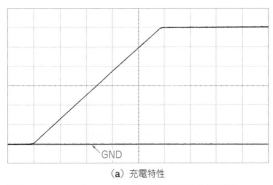

（a）充電特性

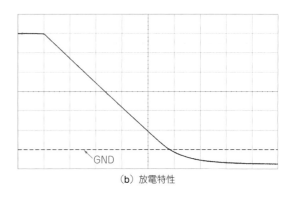

（b）放電特性

図6 975pF スチロール・コンデンサの充放電特性

います．これはミラー効果によるもので，スイッチング回路を交流反転増幅器とみなすと，入力容量は（交流ゲイン＋1）倍に増大します．$V_G$一定の期間の充電電流は$V_{DS}$増加による$C_{GD}$電荷量増大を補っていると考えられます．

$V_{DS}$の変化が飽和すると，ミラー効果が消えて電圧が再び上昇します．このときの傾きは，ゲート酸化膜容量に対応していると考えられます．これら充電／放電の特性は，時間軸に対してほぼ対称になることを確認しました．

図8はTPH3006PS（GaN）の特性です．ゲート閾電圧が2.7 V付近となっており，IPA65R190C7（Si）に比べて半分以下のゲート電圧でスイッチングが始まります．ミラー効果によるゲート電圧一定の期間はSiに比べて非常に短く，少ない電荷量でスイッチングが行われていることを示しています．

図9はC2M0160120（SiC）の結果です．ゲート電圧最大値を17.5 Vと，他に比べてやや高めに設定してあります．このデバイスの場合，$V_{DS}$の変化は$V_G = 7$ V付近から始まりますが，ON状態になるには12 V以上の高いゲート電圧でドライブすることが必要であることがわかります．

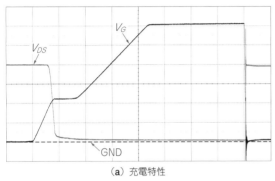

（a）充電特性　　　　　　　　　　（b）放電特性

**図7　IPA65R190C7（Si）のゲート充放電特性**（$V_{DS}$：50 V/div，$V_G$：2.5 V/div，5 μs/div）

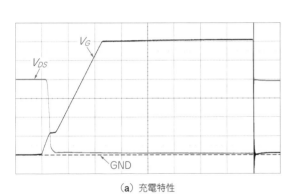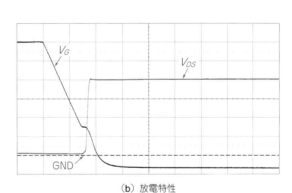

（a）充電特性　　　　　　　　　　（b）放電特性

**図8　TPH3006PS（GaN）のゲート充放電特性**（$V_{DS}$：50 V/div，$V_G$：2.5 V/div，5 μs/div）

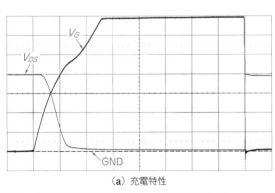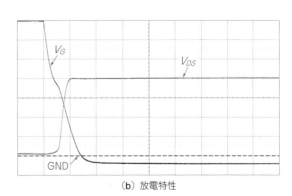

（a）充電特性　　　　　　　　　　（b）放電特性

**図9　C2M0160120（SiC）のゲート充放電特性**（$V_{DS}$：100 V/div，$V_G$：2.5 V/div，5 μs/div）

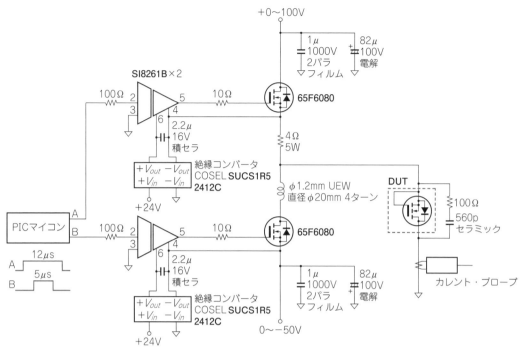

**図10 逆回復特性の測定回路**

このデバイスでは，ミラー効果による平坦部分は明確に現れませんでした．ゲート電圧の傾きが変化する手前で$V_{DS}$が変化しており，$V_{DS}$の遷移が他に比べてやや緩やかになっています．このため，後述するパルス試験において，遷移時の高周波振動が生じにくくなっていると考えられます．

● **出力容量**

GaN HEMTは横型なので元々出力静電容量が小さい特性を有しており，さらにカスコード構造をとる場合は出力容量はさらに小さくなると考えられます．C2M0160120(SiC)の実効出力容量はデータシート上では不明ですが，TPH3006PA(GaN)とIPA65R190C7(Si)の$C_{o(\mathrm{tr})}$は，それぞれ110 pF，374 pFとなっています．IPA65R190C7(Si)とC2M0160120(SiC)のデータシートでは出力容量に蓄積されるエネルギーを$E_{oss}$で表現しています．IPA65R190C7(Si)の$E_{oss}$は2.7 $\mu$Jで，静電容量の蓄積エネルギーの式$E=1/2CV^2$から逆算すると，33.75 pFとなり$C_{o(\mathrm{er})}$に一致します．C2M0160120(SiC)の$E_{oss}$は15 $\mu$Jで出力容量は46.87 pFとなり，$C_{oss}$に一致します．

このように$E_{oss}$の定義はメーカによって異なります．出力容量は数百pFですが，充電エネルギー$=1/2CV^2$より電圧の2乗で効いてきます．実効出力容量が300 pF，スイッチング周波数500 kHz，400 Vと仮定すると，損失は充電エネルギー×スイッチング周波数$=12$ Wとなります．

● **逆回復特性評価**

SiパワーMOSFETの場合は内部にボディ・ダイオードがあり，注入キャリアの残留で電流の切れが悪くなります．化合物半導体ではもともとキャリア寿命が短いので，このような現象は生じにくくなっています．さらに，横型デバイスではボディ・ダイオードが形成されません．

これらデバイスの逆回復特性の違いを実験的に比較しました．測定回路を図10に示します．$dI/dt$はコイルのインダクタンスと印加電圧に依存します．ここでは30 A/$\mu$sに調整しました．駆動パルスの周期は200 Hzとしています．GaN，SiCデバイスの測定ではOFF時にリンギングが現れたので，振動抑制のダンパを並列に入れていますが，ピーク値に大きな変化はありません．

測定結果を図11に示します．IPA65R190C7(Si)は図11(a)のように逆回復電流が大きく残留します．一方，図11(b)，(c)に示すように，TPH3006PS(GaN)，C2M0160120(SiC)では逆回復電流がほとんど現れません．わずかなピークは寄生容量の充放電に伴うものです．

誘導性負荷をドライブするインバータ回路などでは，デバイスのターンOFF時に誘導起電力による電流が発生します．この電流はデバイスのボディ・ダイオードを通じて還流させますが，逆バイアスになった後も$t_{rr}$の期間ダイオードは導通状態を維持していることになります．この期間に対となっているデバイスがター

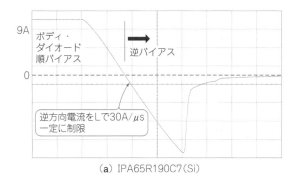

（a）IPA65R190C7（Si）

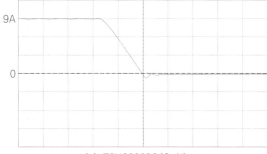

（b）TPH3006PS（GaN）

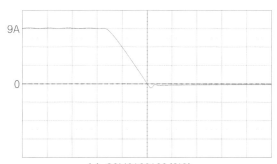

（c）C2M0160120（SiC）

**図11　各デバイスの逆回復特性**（3 A/div，200 ns/div）

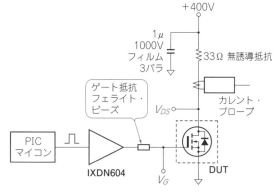

**図12　パルス応答測定回路**

（a）全景

（b）プロービング部分

**写真1　パルス応答測定実験の様子**

ンONすると大きな貫通電流が流れるため，デッド・タイムを$t_{rr}$よりも長くとる必要があります．デッド・タイム期間に流れる還流電流でダイオードの順方向損失が発生し，さらにダイオード逆回復損失が発生します．GaN，SiCデバイスでは$t_{rr}$が小さいために同期整流やインバータ動作におけるデッド・タイムを短く設定することが可能で，この期間の損失を低減することができます．

● **パルス駆動試験**

　図12に示すような抵抗負荷回路で各デバイスの基本スイッチング特性を比較していきます．負荷抵抗は33Ωの無誘導抵抗を使用し，各配線は最短になるように配線してあります．ゲート・ドライバからゲートまでの距離は8 mmです．

　スイッチング特性は，使用するゲート・ドライバや

デバイスのゲート容量などによって左右されます．ここでは，高速でドライブ能力の高いIXDN604（Clare社）を共通のゲート・ドライバとして使用しました．電流駆動能力4 A，1000 pF負荷における立ち上がり／立ち下がり時間は，それぞれ7.5 ns，6.5 nsです．ドレイン電流はオシロスコープの電流プローブでモニタしています．デバイス，負荷の発熱を抑えるためにスイッチングの周期は200 Hz，パルス幅500 nsです．

　**写真1**に測定の様子を示します．使用したオシロス

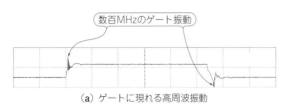

数百MHzのゲート振動

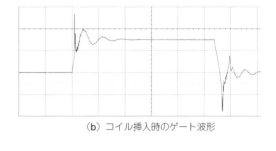

(a) ゲートに現れる高周波振動

(b) コイル挿入時のゲート波形

図13 ゲート波形

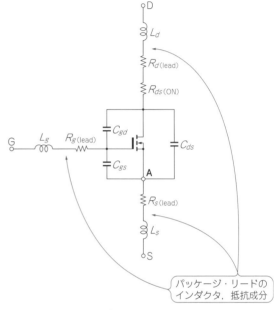

写真2 ゲート-ドライバ間にループ・コイルを挿入した様子

コープはテレダイン・レクロイHDO6104, 電流プローブは同CF031を使用しました. 高速パルス測定であるため, オシロスコープのアースは最短になるようにしています.

● デバイス内部のリード・インダクタ, 寄生容量による振動の発生

各デバイスの比較をするまえに, 高速スイッチング波形に現れる特有の現象について先に述べておきます. この評価回路でIPA65R190C7(Si)のゲート波形をモニタすると, 図13(a)に示すように$V_{DS}$の急変するところで数百MHzの高い周波数振動をもつスパイクが観測されます. ゲート配線の寄生インピーダンスによってゲート波形にリンギングが発生し, これを抑えるためにゲート抵抗を挿入することは従来から行われています.

写真2のように, 長さ4 cmのワイヤを2回ループにしたコイルを挿入したときのゲート波形を図13(b)に示します. ゲートに1 MHz程度の振動が現れました. 一方, 高い周波数のスパイク成分はほとんど影響を受けていません. このような高周波のスパイク振動は従来デバイスではあまり目立ちませんでした.

ゲート振動はいくつかの現象が複合された結果です. 以下のように分けると理解しやすくなります.

(1) $V_{DS}$の振動が$C_{gd}$を介してゲートに伝わり共振を起こす. ゲート・リードのインダクタンス, ゲート配線のインダクタンス, 浮遊容量が関わる

図14 ゲート・サージを説明するための等価回路

(2) ゲート・ドライブのループとパワー・ループがソースで共通になることで生じるゲート振動
(3) ゲート抵抗と$C_{gd}$による$dV_{DS}/dt$の抑制効果

ゲート配線およびゲート・リードのインダクタンス成分と$C_{gd}$が共振回路を形成し, $V_{DS}$の振動が$C_{gd}$を通じて共振回路に振動エネルギーを供給します. ドライバの出力インピーダンスが十分に低いと, 共振回路のQが高くなり, 大きな振動電圧が発生します. ゲート抵抗を挿入することによりQを下げて, 発生電圧を抑えることができます. このメカニズムは, 従来デバイスにおいてゲート抵抗を挿入する根拠となっています.

TO220のようなパッケージでは, 図14のようにデバイス内部配線のインピーダンス成分があります. この図では各リードの成分を独立に表示し, ボディ・ダイオードなどは省略した形で表しています. デバイスのスイッチング特性が向上し, $I_D$の変化率が大きくなると, デバイス内部配線のインピーダンスによって発

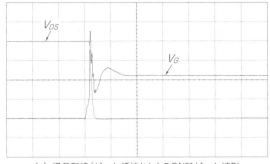

（a）通常配線（ゲート抵抗なし）のON時ゲート波形

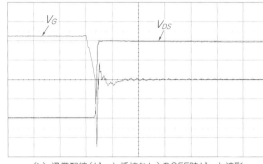

（b）通常配線（ゲート抵抗なし）のOFF時ゲート波形

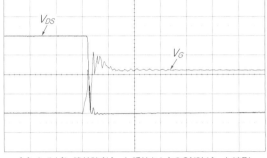

（c）ケルビン接続時（ゲート抵抗なし）のON時ゲート波形

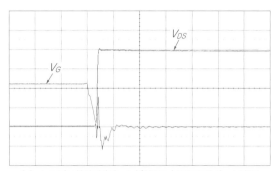

（d）ケルビン接続時（ゲート抵抗なし）のOFF時ゲート波形

**図15** TPH3006（GaN）のゲート波形（$V_{DS}$：100 V/div, $V_G$：4 V/div, 50 ns/div）

生する数百MHzの振動をもつスパイクが目立ってきます．

ゲート・ドライブ回路の径路とドレイン電流の径路がソースで共通になっているので，ドレイン電流の変化で図中のA点に生じる電圧振動が，そのままゲート電圧の振動としてゲートに現れます．配線パターンでもゲート・ソース共通部分が振動の発生源になります．

図12の回路では無誘導抵抗負荷を最短距離で配線しているので$I_D$の振動はほとんど表れていませんが，注意しないと容易に振動が発生します．ゲート電圧の高周波スパイクはTPH3006PS（GaN）でも現れました．TPH3006PS（GaN）の場合はゲート閾値電圧が低いので，このようなゲート電圧の引き込みがあまり大きくなると誤作動の要因になる可能性があります．この対策として，TPH3006PS（GaN）ではケルビン接続によりゲート振動を抑える対策が取られています．もっとも，フリップチップ・タイプの素子を利用すれば，このような振動はかなり抑制できます．

一方，C2M0160120（SiC）の場合は，このような振動は現れませんでした．

● ケルビン・ソース配線の効果

TPH3006PS（GaN）では，TO-220パッケージのドレイン，ソースのピン配置が，一般のSiパワーMOSFET

と逆になっています．このような配置にするとパワー・ラインをヒートシンク側から取れるようになり，ゲート配線のループをパワー・ラインから分離することが可能になります．

この効果を確認するために図12の回路で，ソース側の配線をヒートシンク側から取るように変更します．結果を図15に示します．ソース電流をヒートシンク側から取るようにしただけで，ゲート波形の電圧の引き込みが大きく緩和されていることがわかります．

ドレイン電流の遷移に伴って生じる高周波サージの前後でも比較的高い周波数の振動が現れています．TPH3006PS（GaN）におけるこの振動はパワー・ラインの振動が強く影響しており，$C_{gd}$を介してゲート電圧に影響を与えているようです．

これらの振動はパワー・ラインのインピーダンスを極力下げるようなレイアウト・パターンとすることによって低減できます．

パルス応答の測定では，電流プローブを用いるためドレイン側の配線を15 mm程度延長していますが，振動を顕著に増大することがわかったため，図15の測定時はそれらをすべて排除し，最短距離の配線で測定を行いました．このようにすると図15（a）のように，高周波サージ部以外の振動の抑制されたゲート波形になります．

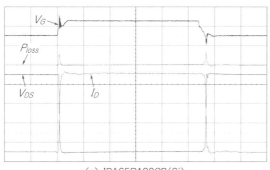

（a）IPA65R190C7（Si）

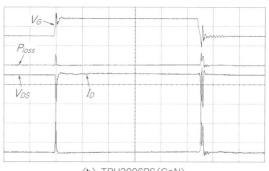

（b）TPH3006PS（GaN）

**図16　ゲート抵抗なしでのパルス応答**

**表4　ゲート抵抗なしの状態における$t_{D(\mathrm{ON})}$と$t_{D(\mathrm{OFF})}$の比較**

| 項　目 | IPA65R190<br>$V_G = 15$ V | TPH3006<br>$V_G = 9$ V | C2M0160120<br>$V_G = 20$ V |
|---|---|---|---|
| $t_{D(\mathrm{ON})}$ [ns] | 5.6 | 5.1 | 4.9 |
| $t_{D(\mathrm{OFF})}$ [ns] | 21.6 | 10.4 | 11.5 |

● **パルス応答比較と$dV_{DS}/dt$抑制効果**

それでは，共通のドライバを使用して3種類のデバイスのパルス応答を見ていきます．一般に，ゲート電圧の影響による振動を抑えるためにゲート抵抗を挿入しますが，デバイスの見掛けの特性が変化するので，まずはゲート抵抗なしの状態で駆動した結果を**図16**に示します．ゲート配線，パワー・ラインともに最短で配線しているために，これらの影響による振動は小さく抑えられています．

IPA65R190C7（Si），TPH3006PS（GaN）ではOFF側に120 MHz程度の振動が現れました．C2M0160120（SiC）はドライバの直接接続でもこのような振動が現れません．波形は**図23**を参照してください．

直接接続における$t_D$の比較を**表4**に示します．各パラメータの定義は**図17**のとおりです．どのデバイスも高速スイッチング用として優れた性能を示していることがわかります．

高速大電流のドライバでゲート駆動したときにリンギングが現れた場合は，一般にゲート抵抗＋フェライト・ビーズで振動を抑えます．挿入するゲート抵抗の値が大きいほど振動抑制効果は大きくなりますが，$t_D$などの特性が悪くなるので最小限の大きさに抑えます．今回の回路では，IPA65R190C7（Si）の場合，ゲート抵抗2.2 Ωのみで振動を抑制できました．

一方，TPH3006PS（GaN）の場合，従来の常識が通用しません．**図18**のように，抵抗を挿入しても振動は抑えられず，数Ωのゲート抵抗が挿入されるとかえって振動が大きくなります．ゲート抵抗20 Ωまで増やすと振動は小さくなりますが，$t_D$などの特性が悪くなり，GaNを使用するメリットが見えなくなってし

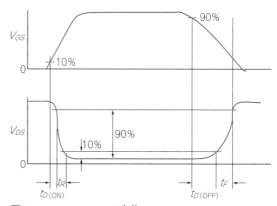

**図17　$t_{D(\mathrm{ON})}$，$t_{D(\mathrm{OFF})}$の定義**

まいます．

この違いは，$C_{gs}$の違いによって説明することができます．ゲート抵抗の挿入はゲート寄生発振の$Q$を抑えて振動電圧を抑えるとともに，$V_{DS}$の変化率を抑制する働きがあります．**図19**に示すように，ゲート抵抗，$C_{gd}$，MSOFETからなる積分回路とみなすことができます．すなわち，$C_{gd}$の帰還によって$V_{DS}$の変化率が緩和されることになります．シリコン・デバイスの場合は$C_{gd}$が比較的大きいので，$dV_{DS}/dt$の緩和による振動抑制が効果的に起こると考えられます．

一方，GaNデバイスの場合は$C_{gd}$が非常に小さいために，以上のような効果が生じにくくなっていると考えられます．GaNデバイスの場合，ゲート抵抗は使用せずフェライト・ビーズを使用することでリンギングを抑えることができます．

表面実装型のフェライト・ビーズには**図20**のようにさまざまな周波数特性のものがあります．振動の周波数が数百MHzなので，その周波数付近のインピーダンスの高いものを使用します．ただし，大きすぎるとスイッチング特性を損なってしまいます．経験的に，インピーダンスがやや低めのフェライト・ビーズと低めのゲート駆動電圧の組み合わせで振動が抑制された

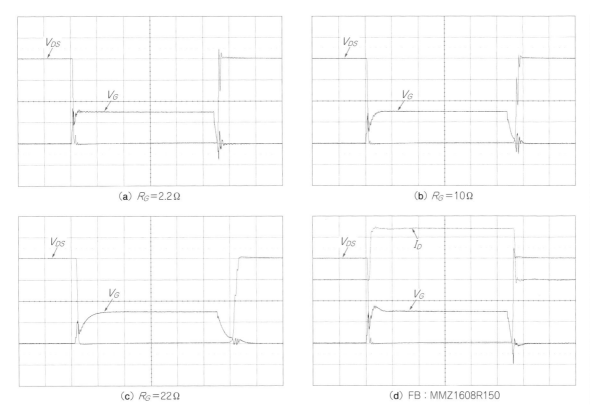

(a) $R_G=2.2\,\Omega$

(b) $R_G=10\,\Omega$

(c) $R_G=22\,\Omega$

(d) FB：MMZ1608R150

**図18　TPH3006PS（GaN）のゲート抵抗依存性**

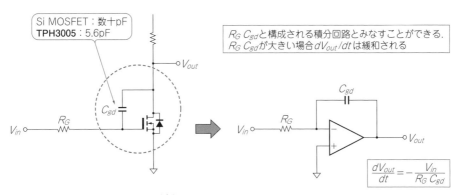

$R_G\ C_{gd}$と構成される積分回路とみなすことができる.
$R_G\ C_{gd}$が大きい場合$dV_{out}/dt$は緩和される

Si MOSFET：数十pF
TPH3005：5.6pF

$$\frac{dV_{out}}{dt}=-\frac{V_{in}}{R_G\ C_{gd}}$$

**図19　$R_G$，$C_{gd}$による$dV_{DS}/dt$の緩和**

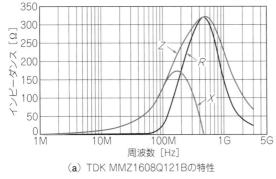

（a）TDK MMZ1608Q121Bの特性

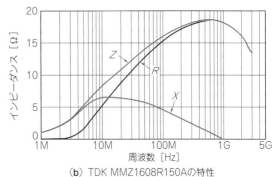

（b）TDK MMZ1608R150Aの特性

**図20　フェライト・ビーズの特性例**

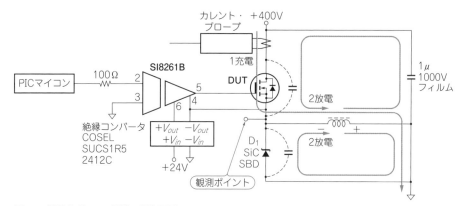

図21　誘導負荷OFF特性の評価回路

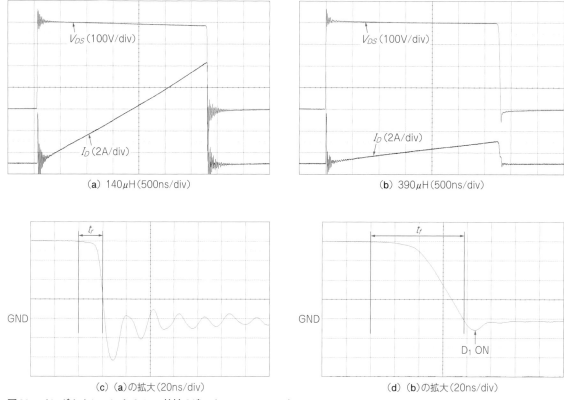

（a）140μH（500ns/div）

（b）390μH（500ns/div）

（c）（a）の拡大（20ns/div）

（d）（b）の拡大（20ns/div）

図22　インダクタンスによるOFF特性の違い（IPA65R190C7Si）

波形になりますが，使用する回路条件によって最適な特性のフェライト・ビーズを選択する必要があります．ここではTDKのMMZ1608Q150を用いました．**図18**（d）に波形を示します．

　ゲート電圧を高めに設定すると，ゲート・スパイクに関連した$V_{DS}$の振動がON側にわずかに表れますが，ゲート電圧を下げるとなくなります．TDK1608Q121を使用した例を示します．インピーダンスの大きいフェライト・ビーズを使用すると，ゲート電圧は低い周

波数の振動を含むようになり，$t_D$が悪くなります．

● **誘導性負荷の場合**

　出力静電容量$C_O$が存在すると，電荷の充放電による損失が発生するとともに，$V_{DS}$の「切れ」が悪くなります．抵抗負荷の場合，出力容量$C_O$に充電された電荷は負荷を介して放電され，$V_{DS}$は$C_{OR}$の時定数で減衰していきます．

　一方，誘導性負荷の場合は，デバイスがOFFして

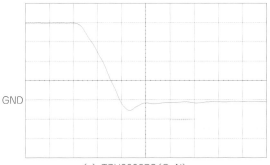

(a) TPH3006PS（GaN）

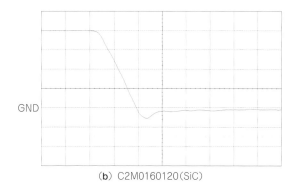

(b) C2M0160120（SiC）

図23　390 $\mu$Hのインダクタ負荷における結果

もコイルは電流を維持しようとして逆起電力を発生し，放電電流の駆動力となります．すなわち，デバイスがOFFする直前のコイルの励磁電流の大きさで放電電流が決まります．

　この性質を理解するために図21の回路で誘導性負荷におけるハイ・サイド側パワー・デバイスのOFF特性を調べました．ロー・サイド側はフライホイール・ダイオードのみとしてあります．パワー・デバイスのON期間は500 ns，パルスの周波数は200 Hzです．

　デバイスがONしている期間にインダクタ$L$にエネルギーが充電され，OFFした直後からフライホイール・ダイオードがONするまでの期間に出力容量$C_O$およびフライホイール・ダイオード$D_1$の接合容量を介して電流が流れます．実験では$D_1$の接合容量による影響を極力避けるために接合容量の小さいダイオードを使用しました．400 Vにおける接合容量は28 pFです．ただし，逆バイアス電圧の低下とともに容量は増加します．

　図22にインダクタンスの違いによるOFF特性の比較を示します．使用デバイスはIPA65R190C7（Si）です．140 $\mu$Hのインダクタの場合はOFF直前の電流は約9 Aで，このとき$V_{DS}$が0 Vになるまでの時間は21 nsです．一方，390 $\mu$HではOFF直前の電流は2 Aで68 nsかかっています．出力容量，放電電流が一定と仮定すると，

$$C_O V \fallingdotseq \frac{1}{2} I_M t_f \quad\cdots\cdots\cdots\cdots\cdots\cdots\cdots (1)$$

となります．ここで$I_M$は磁化電流，$t_f$は下降時間です．

　コンバータ回路などで，この期間中にロー・サイド側トランジスタがONすると，大きなスパイク電流が流れてパワー・ロスを発生します．したがって，デッド・タイムの設定は前述した逆回復時間（$t_{rr}$）のほかに$t_f$を考慮する必要があります．

　連続モード動作の同期整流型コンバータ回路などでは，還流ダイオードがONしたあとのデッド・タイム期間中にダイオードを介してインダクタから還流電流が流れ続けます．このとき「ダイオードの順電圧降下×磁化電流」に相当するエネルギーが消費されます．すなわちデッド・タイムが長いほどエネルギー・ロスが増大します．デッド・タイムは可能な限り短くする必要があります．

　図23に，390 $\mu$Hのインダクタ負荷におけるTPH3006PS（GaN）とC2M0160120（SiC）の結果を示します．TPH3006PS（GaN）とC2M0160120（SiC）では$t_d$が40 nsまで低下しており，デッド・タイムをより短くできることを示しています．TPH3006PS（GaN）とC2M0160120（SiC）の特性の差は明確に表れませんでしたが，フライホイール・ダイオードの接合容量や浮遊容量の影響で見えにくくなっている可能性があります．

## 各デバイスの比較

　図24～図26に，各デバイスのゲート振動を抑えた状態におけるスイッチング特性を示します．高速ドライブ回路を設計する場合，ゲート電圧の設定も重要になります．導通損失を減らすためにゲートをオーバードライブしますが，ゲート電圧を上げるとOFF側の遅延が大きくなります．

　そこで，各スイッチング・パラメータのゲート電圧依存性を調べました．図24（d），図25（d），図26（d）にゲート電圧依存性の結果を示します．電流プローブで電流をモニタし，オシロスコープの機能を利用してスイッチング損失も算出しました，電流プローブのディレイはオシロスコープ内で補正しています．

　各パラメータ，遷移損失がゲート電圧に大きく依存することがわかります．$t_{D(ON)}$，$t_{D(OFF)}$は，ゲート電圧が高くなるほど充放電にかかる時間が増えるために悪化します．一方，遷移損失はゲート電圧を高めにするほうが有利であることがわかります．

　デバイス別に比較すると，C2M0160120（SiC），TPH3006PS（GaN）は，遷移損失がIPA65R190C7（Si）の60%程度まで下げられることがわかります．これはすなわち，ゲート電圧に対するレスポンスが良いことを示し

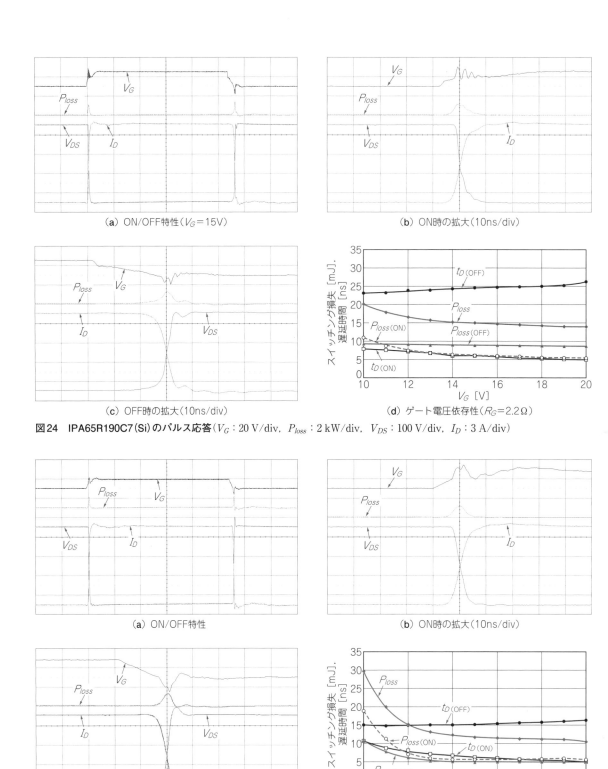

(a) ON/OFF特性（$V_G$＝15V）

(b) ON時の拡大（10ns/div）

(c) OFF時の拡大（10ns/div）

(d) ゲート電圧依存性（$R_G$＝2.2Ω）

図24　IPA65R190C7（Si）のパルス応答（$V_G$：20 V/div, $P_{loss}$：2 kW/div, $V_{DS}$：100 V/div, $I_D$：3 A/div）

(a) ON/OFF特性

(b) ON時の拡大（10ns/div）

(c) OFF時の拡大（10ns/div）

(d) ゲート電圧依存性（FB：MMZ1608Y150）

図25　TPH3006PS（GaN）のパルス応答（$V_G$：20 V/div, $P_{loss}$：2 kW/div, $V_{DS}$：100 V/div, $I_D$：3 A/div）

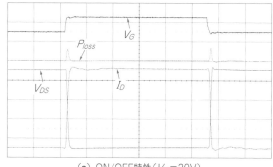

(a) ON/OFF特性（$V_G$=20V）

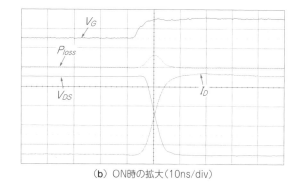

(b) ON時の拡大（10ns/div）

(c) OFF時の拡大（10ns/div）

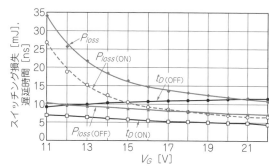

(d) ゲート電圧依存性（$R_G$なし，FBなし）

**図26 C2M0160120（SiC）のパルス応答**（$V_G$：20 V/div，$P_{loss}$：2 kW/div，$V_{DS}$：100 V/div，$I_D$：3A/div）

ています．

　$t_{D(ON)}$については，どれも5 ns程度が達成されており，デバイスによる顕著な違いはありません．一方，$t_{D(OFF)}$は，IPA65R190C7（Si）が25 ns，TPH3006PS（GaN）が15 ns，C2M0160120PS（SiC）が10 nsとなっており，C2M0160120（SiC）が最も小さい値です．IPA65R190C7（Si），TPH3006PS（GaN）の場合はゲート抵抗，フェライト・ビーズを使用しているために表4のデータよりも長くなっています．

　以上のことから，スイッチング周波数が高い領域ではスイッチング損失の少ないTPH3006（GaN），C2M0160120（SiC）が有利であることがわかります．

## デモボード評価

　トランスフォーム社のGaNデバイス評価用ハーフブリッジ・ボードをベースにして，ブーストおよびバック動作における変換効率，動作波形を確認します．回路図を**図27**（次頁），ボード外観を**写真3**に示します．内部回路はドライバ付きのハーフブリッジ回路で，シングルの矩形波入力でもハーフブリッジ・ドライブができるようにロジック回路が設けられています．

　CMOSロジック部分でデッド・タイムを構成しており，最小60 nsに設定されています．ドライバICでもデッド・タイムの制限をかけています．デッド・タ

**写真3　GaNハーフブリッジ・ボードの外観**

イムを小さくしたい場合は，シングル入力でロジック部の定数を変更するか，ハイ・サイド，ロー・サイドを分離して入力し，さらにドライバICのデッド・タイム制限抵抗を変更する必要があります．

　使用されているインダクタは320 μHで，1 kWまで対応します．ゲート・ドライブはSi8230BBとフェライト・ビーズTDK1608Q121の組み合わせで振動を抑えています．このゲート・ドライバは静電容量カップリ

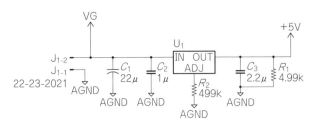

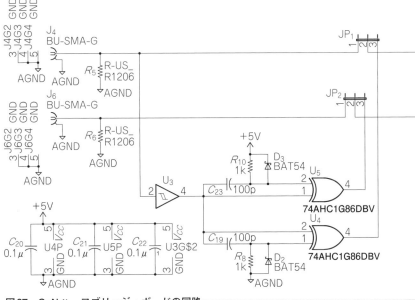

**図27 GaN ハーフブリッジ・ボードの回路**

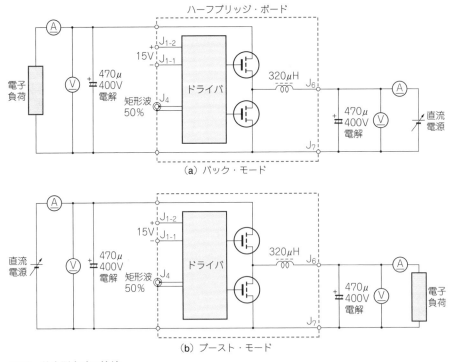

(a) バック・モード

(b) ブースト・モード

**図28 効率測定時の接続**

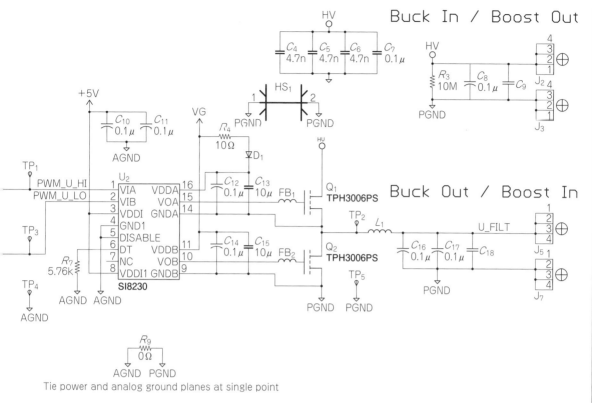

Buck In / Boost Out

Buck Out / Boost In

Tie power and analog ground planes at single point

ングによる入出力絶縁型ドライバで，最大電流0.5 A，200 pF負荷における上昇／下降時間はそれぞれ20 ns，12 nsです．100 kHzのドライブ周波数で最適化されており，付属のヒートシンクは小さいものとなっています．周波数を上げるなど，効率が低下する領域で試験するときは強制空冷にする必要があります．

2個のパワー・デバイスがヒートシンクを介して向き合った配置となっており，放熱効率はあまりよくないと思われます．温度をモニタするときはフィンではなく，デバイス近傍を測定する必要があります．100 kHzのブースト動作では800 Wでも温度上昇は10℃以内でした．

基本特性の確認として，デューティ比50 %一定の条件におけるブースト，バック動作の検証を行います．PICマイコンで発生した矩形波をシングルで入力し，デッド・タイム発生はボードの内蔵回路を利用しました．測定時の接続を**図28(a)**，**(b)**に示します．測定時の結線とオシロスコーププローブの接続状況を**写真4**に示します．

ブースト・モードにおける変換効率の入力電力依存性を**図29**に示します．ロー・サイド側の$V_{DS}$，$V_G$をオシロスコープで観測しました．プローブのアースは

**写真4　オシロプローブ接続状態**

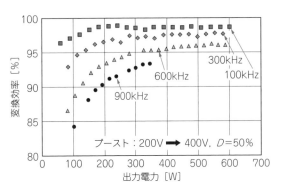

図29 ブースト動作の変換効率

付属のリード線を使わず，最短距離でプローブ先端部のアースと基板アースを接続しています．電子負荷として菊水PLZ1004WHを利用し，ボードの入出力には470μF/400 WVのケミコンを接続して評価を行いました．**図29**の変換効率は，横軸の出力電圧に対応する入力電力と出力電力の比で表しています．**図28**の入力電圧，電流を$V_{in}$, $I_{in}$，出力電圧，電流を$V_{out}$, $I_{out}$とすると，$V_{out}$における変換効率は，

$$\eta\,[\%] = \frac{V_{out}\,I_{out}}{V_{in}\,I_{in}} \times 100 \quad\cdots\cdots\cdots\cdots\cdots\cdots\cdots\cdots (2)$$

となります．ボード上のコイルなどは，スイッチング周波数100 kHzの動作を想定して選ばれています．

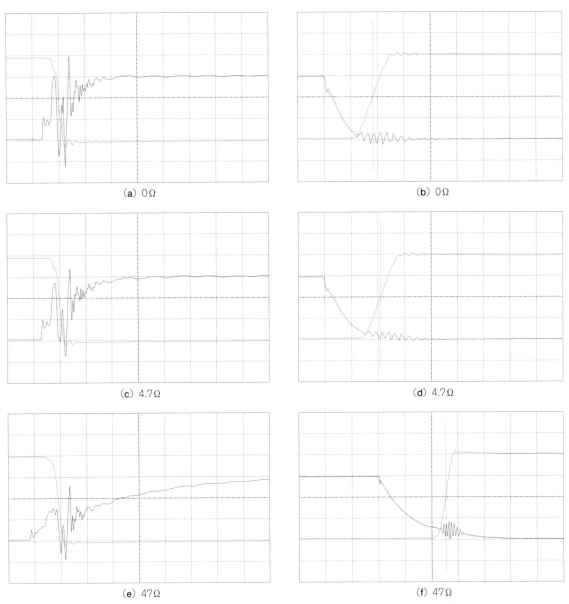

(a) 0Ω

(b) 0Ω

(c) 4.7Ω

(d) 4.7Ω

(e) 47Ω

(f) 47Ω

図30 ロー・サイド側のゲート(黒)/ドレイン(赤)波形($V_D$：100 V/div, $V_G$：5 V/div, 20 ns/div)

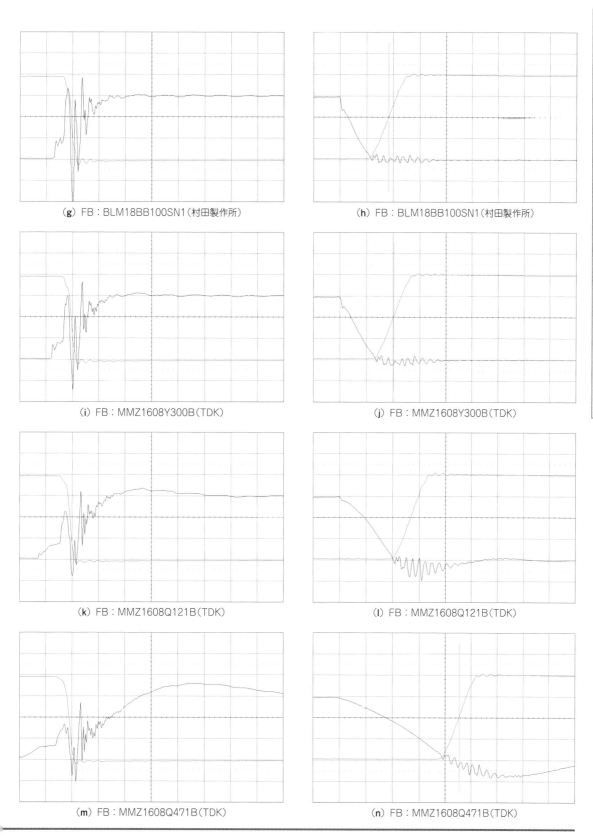

　（g）FB：BLM18BB100SN1（村田製作所）　　　　　　（h）FB：BLM18BB100SN1（村田製作所）

　　　（i）FB：MMZ1608Y300B（TDK）　　　　　　　　（j）FB：MMZ1608Y300B（TDK）

　　　（k）FB：MMZ1608Q121B（TDK）　　　　　　　　（l）FB：MMZ1608Q121B（TDK）

　　　（m）FB：MMZ1608Q471B（TDK）　　　　　　　　（n）FB：MMZ1608Q471B（TDK）

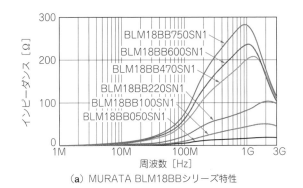

（a）MURATA BLM18BBシリーズ特性

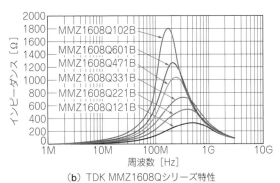

（b）TDK MMZ1608Qシリーズ特性

（c）TDK MMZ1608Yシリーズ特性

**図31　実験で使用したフェライト・ビーズの特性**

　入力電圧200 V一定なので，デューディ50％だと約400 Vの出力が現れます．変換効率が低下するに従って出力側の電圧が低下します．周波数100 kHzでは98％以上の変換効率を示しており，高い効率が得られることがわかります．200 W付近の効率上昇は不連続モードに移行したことを示しています．300 kHzでも97％程度の変換効率を維持しました．500 kHzだと効率がやや低下していますが，パワー・インダクタなどを最適化すれば効率が伸びると考えられます．900 kHzにおいても変換効率90％以上を維持しました．

　実験では素子の発熱が大きくなったところで測定を止めています．**図30**(k)，(l)にドレイン電圧とゲート波形を示します．このボードでは比較的大きなインピーダンスのフェライト・ビーズ（TDK MMZ1608Q121B）と電流駆動能力がやや低めのドライバの組み合わせでドライブしているので，$t_D$は大きめになっており，デッド・タイムも60 nsと余裕をもたせています．100 kHz用で安定なスイッチングをするように最適化されたものと推定されます．

　このボードではケルビン接続によるサージ発生を抑制するようにはなっていません．$V_{GS}$の波形は振動が激しいように見えますが，$V_{DS}$の波形はきれいです．シミュレーションにより，チップ部におけるゲート波形は観測される波形よりよりも振動がだいぶ小さくなることが示されています．

　ブースト・モードにおいて，オリジナルに付いているフェライト・ビーズを異なる特性のものに置き換えた場合に，どのような挙動を示すか試してみました．実験に使用したフェライト・ビーズの特性を**図31**(a)〜(c)に示します．オリジナルに使用されているフェライト・ビーズを0 Ωのチップ抵抗に置き換えた波形を**図30**(a)，(b)に示します．

　この回路の場合，0 ΩでもOFF側の振動が現れません．駆動力の弱いドライバを使用しているためだと考えられます．一方，ON側の振動は増大していますが，スイッチングは正常に行われています．抵抗を4.7 Ωとすることで，$t_{D(OFF)}$を悪化させることなくON側の振動をある程度は抑えましたが，それ以上抵抗を増やしてもON側の振動にはあまり変化がなく，$t_{D(OFF)}$だけが増大していきます．

　**図30**(g)〜(n)は，いくつかのフェライト・ビーズに対する結果を示しています．インダクタンスが小さい条件ではON側の振動が大きく表れていますが，スイッチングはどの場合でも正常に行われています．インダクタンスを増やすほど$t_{D(OFF)}$が長くなることがわかります．

　**図32**はバック・モードの変換効率です．入力電圧は400 Vで最大1 kWまで評価を行いました．100 kHzにおいて広い出力範囲で約98％以上の効率を維持することを確認しました．ヒートシンクは小型ですが，

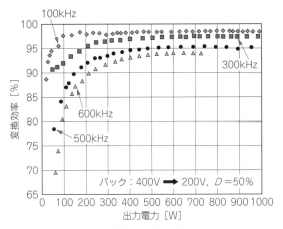

図32 バック・モード動作の変換効率

効率が良いため1kWまでの変換が可能です。実験は常に強制空冷で行っています。バック・モードの変換効率はブースト動作より若干変換効率が低下しますが、周波数500kHzで変換効率95%以上を示しています。

## まとめ

　最新シリコン・パワー・デバイス，ワイドギャップ・パワー・デバイスのスイッチング特性を実験によって検証しました。どのデバイスも高速スイッチング用として優れた性能を有しており，今後は用途やコストに応じて使い分けられていくと考えられます。これらデバイスの使用に際しては，従来以上に寄生振動対策に気を使う必要があります。

◆ 参考文献 ◆

(1) Transphorm；TPH3006PS data sheet.
(2) Infenion；Cool MOS C6 data sheet.
(3) CREE；C2M0160120D data sheet.
(4) 秋葉 保；パワーMOS FET活用の基礎と実際，2004年，CQ出版社.
(5) TDK；チップビーズ，一般信号ライン用，MMZシリーズ カタログ.
(6) 村田製作所；エミフィル（インダクタ型）チップフェライトビーズ，BLM18Bシリーズ カタログ.

# 第3章

## 耐熱性が高く小型軽量で高効率が望まれる

# GaN素子の電気自動車インバータへの応用の可能性

清水 浩／新井 英雄
Shimizu Hiroshi／Arai Hideo

　電気自動車技術の進歩について，パワー・トランジスタ，高強度磁石，リチウム・イオン蓄電池とともに自動車車体技術の向上を概説した.

　そのうえで，今後，GaNパワー・トランジスタが電気自動車用インバータに用いられると大幅な走行距離向上，インバータの小型化，モータとインバータの冷却系の小型化が可能になるとの見通しを述べた.

　トランスフォーム社製GaNパワー素子を用いたインバータとシリコン型トランジスタを用いたインバータを小型電気自動車用に開発したモータを用いて比較したところ，8％の効率向上が認められた.

　GaN，SiCなどシリコン系に替わる新しいパワー半導体素子の商品化の時代に入ってきています. このことは，我々電気自動車技術の開発に関わってきた者にとって極めて朗報です.

　それは航続距離の伸長，インバータの小型化，軽量化に大きな貢献ができるためです.

　今回，トランスフォーム社製のGaNを用いたインバータを評価する機会をいただきました. これを実際の小型電気自動車用モータと組み合わせて試験を試みました.

　今回の試験では極めて初歩的な成果を出すのみに終わりましたが，本格的な開発によって，このような素子が電気自動車用インバータに大量に使用されてくる未来を期待できる予兆は見ることができました.

　本稿では，なぜ電気自動車にとって新素子が重要なのか，電気自動車用インバータ素子として新素子を利用することによる電気自動車の新しい展開，そして，今回の初歩的な評価の結果について報告します.

## 電気自動車技術の進歩

　電気自動車の最大の問題は航続距離とされています. これを改善するための最善の策は高性能電池の開発ですが，筆者は長年に亘ってむしろ走行に利用する電力の削減のほうが技術的により容易であるとの立場をとってきました.

　**図1**に，電気自動車が走行する際のエネルギーの消費を示してあります.

　電池からのエネルギーは，インバータで直流から交流変換され，モータで機械力に変えます. モータからの出力は一般には減速ギア，差動ギア，ドライブ・シ

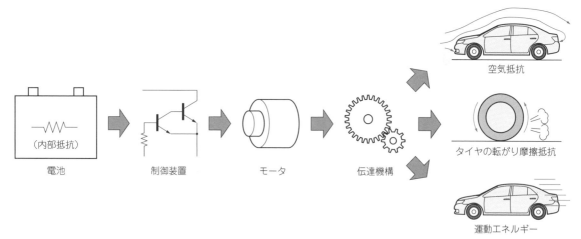

**図1　電気自動車が走行する際のエネルギーの消費**

ャフトを通して駆動輪に伝わります．駆動輪に伝わった力は，一定速で走るときには転がり摩擦抵抗と空気抵抗に打ち勝って車が進むために使われます．一般道路での走行のように加減速が頻繁に行われるときには，加速エネルギーにも使われ，これが減速のときに回生ブレーキで回収されます．

もし，ここで述べたすべてのエネルギー変換の効率と消費の項目での損失も極くわずかになれば，消費電力は限りなく小さくなり，その結果，小容量の電池でも長い航続距離が得られることになります．

現在，電気自動車用リチウム・イオン蓄電池は大学の成績に例えれば合格点です．大学の成績は80点以上がA，70点以上がB，60点以上がCで，ここまでが合格，それ以下がDで不合格となります．現在のリチウム・イオン蓄電池はDではなく，Cレベルであると考えています．であれば，電気自動車を構成する他の要素ですべてAをとれば，総合的な電気自動車の性能をAランクにもっていけます．

これまでの電気自動車技術の発展を振り返ると，1970年代にインバータ用のパワー素子が作られはじめ，1990年代に入りIGBTが商品として利用できるにいたりました．これにより，インバータの高効率化と小型化が進みました．ただし，未だにこれを用いたインバータは効率，サイズ，重量の点でAランクとは言い難い状況です．

リチウム・イオン蓄電池は1986年に吉野彰氏や西美緒氏らにより発明され，90年代に入り，18650という規格サイズの電池でソニーのハンディカムに応用され

たことをきっかけに発展を遂げてきました．1995年からは携帯用電池に使われ始め，その性能が大きく向上しました．2000年を越す頃に，大型の自動車用電池が試作品ではあったが我々でも手に入るようになりました．おそらく表に報道されている電気自動車で世界で初めてリチウム・イオン蓄電池を使用したのが筆者らで，当時文部科学省の予算で開発した "KAZ" という電気自動車に用い，大型乗用車ながら最高速度311km/hを記録しました．この車の外観写真を写真1に示します．そして同様の技術の発展型として "Eliica" を開発しました．これは写真2に示すとおり流線型で，空気抵抗を極限に減らしています．その効果もあって最高速度370km/hを記録し，0→100km/h加速性能4.0秒を実現しました．この加速性能は当時の市販車として最も性能が高いとされたポルシェ911ターボの4.1秒を凌ぐものでした．

1982年には佐川眞人氏によりネオジム-鉄磁石が発明されました．この磁石は1990年頃からサンプル品が出始めました．筆者らは1991年に完成した "IZA" という電気自動車用の駆動モータに初めてこれを利用し，これを用いたモータの効率の良さ，小型化の可能性に瞠目しました．

1990年以降，ネオジム-鉄磁石の性能は次第に向上し，2000年代に入るとモータ・サイズとして同じでトルクが2倍以上出せるモータの実現が可能になりました．これにより，ダイレクト・ドライブで車輪に回転力を伝えるインホイール・モータへの応用が可能になりました．

写真1　電気自動車 "KAZ"

写真2　電気自動車 "Eliica"

このように，電気自動車独自の技術が次々に発明され，実用的に使えるようになりました．

これに加えて，自動車業界でも省エネの観点から車を高効率で走らせる努力が本格的に始められました．

エンジンの高効率化はもちろんのことですが，車の高効率化に欠かせない要素として，軽量化，タイヤの転がり摩擦の低下，空気抵抗の極小化に力が注がれました．

軽量化に効果をもちだしたのは，ハイテンション・スチール（通称「ハイテン」）でした．これは引っ張り強度が，これまでの冷間圧延鋼板が20 kg/mm² 程度であったものが40 kg/mm²，60 kg/mm²，さらには100 kg/mm² という具合に向上してきました．これに伴い，硬い鉄を加工する技術も次々に生まれ，自動車ボディへの応用が広く行われるようになりました．

タイヤの転がり摩擦に関しては，転がり摩擦係数として10/1000に止まっていたのが6/1000の水準は市販用タイヤでも実現できるようになり，試作レベルでは5/1000を切るものも作られるようになりました．

空気抵抗に大きな影響を及ぼす空気抵抗係数も1980年代までは0.4～0.5の水準だったものが，一般のセダンでも0.3レベルに下がり，スポーツ・タイプでは0.26程度にまで下がってきました．

これらの最良の技術を使って試作車として完成させたのが，筆者らが2013年に完成させた "SIM-CEL" という車です．その外観写真を写真3に示します．また，その基本仕様を表1に示します．空気抵抗を減らすために最近技術が進歩してきた計算流体力学による設計を行い，空気抵抗係数を0.2台にまで削減しました．

その結果，SIM-CELの加速性能はEliicaにほぼ匹敵する水準となり，航続距離は29.6 kWhの電池を搭載して324 kmまで向上しました．このことは，電力消費量は91.2 Wh/kmということになります．これを他の電気自動車と比較したのが表2です．同表より，SIM-CELは他の市販の電気自動車に比べて圧倒的に電力消費量が少ないことが理解できます．

このように，電気自動車を構成する技術要素のそれぞれのところで技術向上が進んできましたが，そのなかでインバータに関しては，IGBTの実用化以来25年以上に亘って大きな進歩がありませんでした．

このような時期に，次の世代のパワー素子の可能性として長年言われてきたのがSiCでしたが，最近になりGaNが急に実用性能を伸ばしつつあり，この両者のどちらかあるいは双方が，さらには棲み分けという形で，新素子が大きな役割を果たす可能性が出てきました．

## 電気自動車にとっての新素子の価値

SiC，GaNなどの新素子の特徴は，これまでのパワー素子に比べてON抵抗が小さく，応答速度が速く，高温に耐えることです．この特徴は多くの応用の拡大を可能とします．

特に電気自動車に用いたときには，

(1) インバータの効率向上を可能にする

(2) モータとインバータの冷却系を共通化できる

(3) インバータの小型軽量化に寄与する

という利点があります．これらのうち，(1)と(3)の2

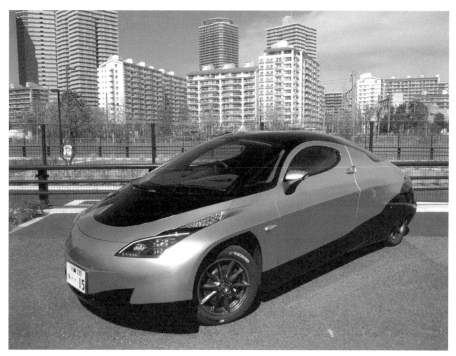

写真3　電気自動車 "SIM-CEL"

表1　"SIM-CEL" の基本仕様

| 項　目 | 仕　様 |
|---|---|
| 全長/全幅/全高 | 4840 mm/1830 mm/1400 mm |
| 重量 | 1,580 kg |
| 定員 | 2名 |
| 駆動方式 | アウターロータ式ダイレクト・ドライブ・インホイール・モータ |
| 駆動輪数 | 4 |
| 最小回転半径 | 5.5 m |
| 1充電航続距離（JC08モード） | 324 km |
| 走行エネルギーの消費量（JC08モード） | 91.2 Wh/km |
| 最大出力 | 260 kW（1モータ当たり65 kW） |
| 最大トルク | 3400 Nm（1モータ当たり850 Nm） |
| 0→100 km/h加速時間 | 4.2秒 |
| 最高速度 | 180 km/h |
| 電池容量 | 29.6 kWh（リチウム・イオン蓄電池） |
| 充電時間 | 1 h（CHAdeMO，80％まで） |

点は他の機器に用いる場合と同様ですが，特に電気自動車に用いるときに顕著です．

　以下，これらの効果について述べていきます．

● インバータの効率向上の効果

　図2に，筆者らが過去に開発した電気自動車用インバータとモータの効率グラフを示します．

　同図は横軸に速度，縦軸にモータの出力トルクを取り，グラフは速度，トルクに応じた効率の値を示しています．

　電気自動車が走行する場合，最大トルクで走行するのは急加速を楽しみたいときで，通常の市街地走行で

表2　電気自動車の電力消費量比較

| 車　種 | 重量 [kg] | 消費電力量 [Wh/km] | 車重1トン当たり消費電力量 [Wh/km/t] |
|---|---|---|---|
| SIM-CEL | 1,580 | 91.2 | 57.7 |
| 日産リーフ | 1,430 | 114 | 79.7 |
| 三菱i-MiEV | 1,080 | 88.8 | 82.2 |
| BMW i3 | 1,260 | 98 | 77.7 |

は最大トルクの数分の1の加速度で加速します．もし，0.5 Gの加速力をもつ電気自動車であれば，市街地での加速度は0.1 G程度なので，約5分の1のトルクで発進します．最高速度も40 km/hあたりが最も多く，場所によって60 km/hに達する場合もある程度です．

また，回生ブレーキを効かせることができる減速時も加速時と同様，0.1 G程度の減速力で減速します．

この観点から図2を見ると，0.1 Gでの加速はモータ・トルクに換算して100 Nmですが，電気自動車用モータはこの利用領域では82〜89 %の効率をもつことがわかります．

以下の議論のために，ここでは常用領域のモータの平均効率を85 %とします．同図にはインバータの効率も示されていますが，総じて効率は高く，常用領域で82〜93 %です．ここで，常用領域でのインバータの効率を87 %とします．

これらの図を見れば，モータ，インバータともに十分に効率が高く，これ以上の効率向上を望むことへの重要さは必ずしも見えてきません．

ここで，図3に自動車の標準的な市街地での走行パターンを示します．JC08モードでの走行の加速減速の時間変化を見ると，ほとんどの時間，加速か減速を繰り返していることがわかります．

このため，電気自動車で使われている電力の大半も加速エネルギーとして使われることになります．この加速エネルギーは減速のときに回生ブレーキで回収されますが，それでも市街地走行での電気自動車のエネルギーは加速減速エネルギーによって使われていることになります．

ここで，電気自動車の重量を$m$として速度$v$まで加速し，その後停止するまで減速する場合を想定します．

このとき加速エネルギー$E_\alpha$は，

$$E_\alpha = \frac{1}{2}mv^2/\eta \cdots\cdots\cdots\cdots\cdots\cdots (1)$$

となります．ここで，$\eta$はインバータ，モータから車輪へのエネルギー伝達装置を含めた効率です．

また，回生ブレーキをかけて減速するときに電池に回収できるエネルギー$E_D$は，

$$E_D = \frac{1}{2}mv^2\eta \cdots\cdots\cdots\cdots\cdots\cdots (2)$$

です．

式(1)，(2)により，1回の加速減速で消費されるエネルギー$E_T$は，

$$E_T = E_\alpha - E_D = \frac{1}{2}mv^2\left(\frac{1}{\eta} - \eta\right) \cdots\cdots (3)$$

となります．

もし，電気自動車の伝達装置を取り除いたダイレクト・ドライブ型の駆動装置をもつ電気自動車と仮定し，モータおよびインバータの効率として仮定したそれぞれ85 %，87 %の値を式(3)に代入すると，

$$E_{T1} = \frac{1}{2}mv^2\left(\frac{1}{0.85\times0.87} - 0.85\times0.87\right)$$
$$= 0.61\frac{1}{2}mv^2 \cdots\cdots\cdots\cdots\cdots (4)$$

となります．

新素子を使うことによってインバータの効率が常用領域での平均として3 %向上したとすると，

$$E_{T2} = 0.54\times\frac{1}{2}mv^2 \cdots\cdots\cdots\cdots\cdots (5)$$

になります．

式(4)と式(5)を比較すると，

$$E_{T1}/E_{T2} = 0.88 \cdots\cdots\cdots\cdots\cdots\cdots (6)$$

となり，3 %のインバータの効率向上が，加減速エネルギーの12 %向上になります．

このことから，インバータの効率がわずか向上するだけでも，市街地での電気自動車の航続距離を伸ばすことに大きな効果をもつことがわかります．

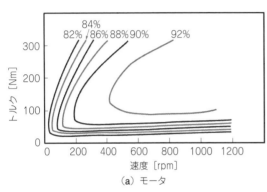

（a）モータ

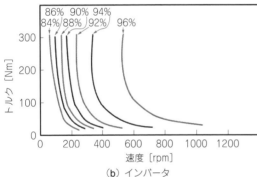

（b）インバータ

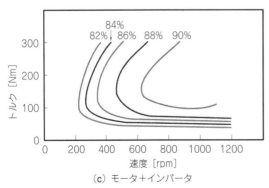

（c）モータ＋インバータ

**図2　筆者らが過去に開発した電気自動車用インバータとモータの効率**

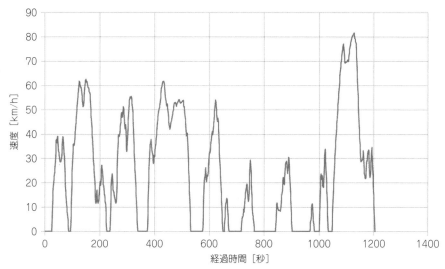

図3　自動車の標準的な市街地での走行パターン（JC-08モード）

電気自動車の走行エネルギーを減らすためには，インバータのエネルギー効率向上は想像以上に効果が大きくなります．

### ● 耐熱温度向上の効果

これまでのシリコン系のパワー素子を使った場合，その耐熱温度を考慮すると，インバータの冷却水温度はかなり低めに設定する必要がありました．筆者らが開発したEliicaでは設定温度を55℃とし，それ以上の温度になると強制空冷を行っていました．

一方で，モータの磁石の耐熱温度は120℃程度であり，モータの動作中に水冷をする場合，100℃近い水温で冷却を行うことができました．

このように，インバータとモータの耐熱温度が異なる場合には，同じ車の中に冷却系を2系統用いることが必要でした．

ところが，インバータ用パワー素子が高耐熱化することにより，冷却液の温度を上げられ，モータ用と同一系統での冷却も可能になります．それによって，モータとインバータ系の構造を単純化することができます．

### ● インバータの小型軽量化

もう一つ重要なことは，インバータの小型軽量化です．インバータは電気自動車の中ではかなり大きな容積を占めます．そのおもな部品は，パワー素子冷却のために必要な熱交換器や冷却パイプ，ポンプなどです．自動車にとって部品のサイズダウンは極めて重要な価値になります．

もしパワー素子の耐熱温度が大きくなれば，冷却に必要な部品が小さくなり，インバータ・サイズは大幅

な軽量化とサイズダウンが可能になります．

以上のように，電気自動車のさらなる可能性と機能の向上によって，GaNやSiCは他の用途以上に大きな効果があります．

## GaN素子を用いたモータ駆動の初期的試験

これまで，SiCやGaNのパワー素子は，極めて高価であり，電気自動車のような用途に用いるまでには時間が掛かると考えていました．

2014年に機会があり，トランスフォーム社の技術陣とお会いすることができました．そこで詳しい技術の内容をお伺いすると，同社のGaNは基板にシリコン結晶を使うことができ，この上にエピタキシャル成長でGaNの層を作るという方式がとれるため，本質的に安価になるということでした．これで少し希望が見えてきました．また，商品レベルで34 Aの耐電流で600 Vの耐電圧のものが作られているとのことでした．

このお話により，俄にGaNを電気自動車用パワー素子として利用することへの希望が沸いてきました．

さらに，試作品レベルであるが，GaN素子を用いたインバータもすでにあるとのお話でした．

それではGaNの電気自動車用モータとしての可能性を探る一歩として，そのインバータをお借りして，私達が過去に1人乗りの自動運転電気自動車を開発したときに用いた最大トルク20 Nm，最大出力5 kWのモータと併せて評価してみたいということをお願いしました．そのところ，快くお借りすることができました．

お借りしたGaN素子を使ったインバータの仕様を

表3に示します．また，その外観写真を**写真4**に示します．

同様に，筆者らのモータの仕様を**表4**に示します．

インバータは1枚の基板の上に構成されています．モータは，アウターロータ型のダイレクト・ドライブ型として，自動車用に使うことを目的としています．

試験は，モータ試験機にモータを設置し，回転数とトルクに対して効率を見るということを目的として行いました．

モータ試験機の外観を**写真5**に示します．アルミのベッドの上に電力吸収用モータ，トルク・メータ，測定用モータをそれぞれ設置し，これらを同軸となるようにジョイントで結合するという構造です．これに，電力供給のための直流電源と，モータで吸収した電力

表3 GaN素子を使ったインバータの仕様

| 項　目 | 仕　様 |
|---|---|
| $V_{DS}$ | 600 V |
| $I_{D25℃}$ | 16 A |
| $R_{DS(ON)}$ | 0.15 Ω |
| $Q_{rr}$ | 54 nC |

表4 インバータ効率評価に用いたモータの仕様（1人乗り自動運転電気自動車向けに開発したモータ）

| 項　目 | 仕　様 |
|---|---|
| モータ直径 | 105 mm |
| モータ長 | 130 mm |
| モータ重量 | 4.9 kg |
| 電磁構成 | 12極（磁石数） 18スロット（コイル数） |
| 最大トルク | 20 Nm |
| 最大出力 | 5 kW |

写真4　GaN素子を使ったインバータ基板の外観

写真5　モータ試験機の外観

を直流電源に戻すためのAC-DCコンバータが付随します。測定機としては、インバータ入力、モータ入力を計測するパワー・メータを用いています。この試験機でインバータの効率を測定しました。

今回利用したインバータは回転位置センサレスに対応するもので、モータは回転位置センサでフィードバックを掛ける構造のものです。このために、互いの間で回転数とトルクを最適に調整することが困難であるという問題がありました。このような理由で今回の予備的実験では、回転数とトルクに関して1測定点での効率を測ることで、インバータとしてのGaN素子の効果を見るという実験を行いました。

同様に、筆者らがこのモータ用に開発したシリコンFETを使ったインバータを用いた効率を測定しました。

その測定結果の比較を**表5**に示します。同表では限られたトルクと回転数での試験でしたが、GaN素子を使用したものでは効率94%、従来のシリコン・トランジスタを使用したものでは86%の効率でした。この結果から、GaN素子を使ったインバータでは大きな優位差をもって、効率を高くできるということが示されました。

表5 インバータの効率比較実測値

| 種　別 | 効率 [%] |
|---|---|
| シリコン・トランジスタを使ったインバータ | 86 |
| GaN素子を使ったインバータ | 94 |

**まとめ**

本文では、電気自動車への利用の想定をしたうえでのGaNトランジスタの従来のシリコン型インバータに比べた優位性に関して述べました。

また、実際のGaN素子を用いたインバータを従来のシリコン型インバータとの効率の比較を行い、その差に違いがあることを確認しました。

この論理と実験の結果から、GaNトランジスタを用いたパワー素子は、電気自動車のインバータに用いると、走行エネルギーの大幅な削減、インバータ形状の極小化、冷却系のモータ冷却との共通化の点で大いに効果があることがわかりました。

今後は、700 Nm程度の大トルクの電気自動車用モータにGaNトランジスタ素子が有効に使えることを、実機を使って確認したいと思います。

# 第4章

## 超低ロス・超高速！
## 最新パワー・デバイスを試す

# GaN トランジスタ TPH3006PS で作る効率99％の300 W インバータ

### 田本 貞治
Tamoto Sadaharu

　自然エネルギーを活用した装置として，ソーラーパネルで発電した電力を売電するパワー・コンディショナが当たり前のように使われるようになってきました．日本ではあまり使われていませんが，海外では数百Wのマイクロインバータが使われています．米国では，このマイクロインバータとソーラーパネルがホームセンターなどで販売されており，個人でソーラーパネルとマイクロインバータを購入して設置と配線を行うと容易に利用できるようです．

　このようなパワー・コンディショナやマイクロインバータは，ソーラーパネルで発電した電力を有効活用するために高効率の電力変換が求められます．最近は総合的な変換効も95％以上出せるものも多くなってきており，変換効率の良さが売りになっています．

　そこで，この章ではパワー・コンディショナ用の高効率インバータの開発を行うことにします．できれば本格的な家庭用の数kWの高効率インバータを開発したいところですが，設備の関係もあり，高効率のマイクロインバータを開発することにします．また，パワー・コンディショナやマイクロインバータは系統連系して売電しますが，設備の関係から自律型インバータとします．

　今回はトランスホーム・ジャパン社からGaNトランジスタを提供していただきましたので，このGaNトランジスタを使用して高効率インバータの開発にチャレンジします．折角，高効率変換器が実現可能なGaNトランジスタを使用しますので，変換効率はインバータの入力と出力間で99％を目指すこととします．

### ● 開発するインバータの仕様

　今回開発するマイクロインバータの仕様を表1のように決めます．出力容量は300 Wとします．また，出力電圧はAC 200 Vとしてパワー・コンディショナと同様な仕様とします．変換効率は99％を目指しますが，マイコンなどに供給する制御電源は除き，純粋にパワー回路の変換効率として他の回路方式との比較が容易にできるようにします．

　電源仕様から変換効率を99％とすると，損失できるのはわずか3 Wということになります．この3 Wを各部の回路に振り分けることになり，回路設計が重要になります．また，表1では電源の入出力仕様としては不要な項目がいくつかありますが，回路設計で必要になるため加えてあります．

表1　DC-AC インバータの仕様

| No. | 項　目 | 仕　様 | 備　考 |
|---|---|---|---|
| 1 | 定格交流出力電圧 | AC 200 V | |
| 2 | 交流出力電圧変動範囲 | AC 200 V ± 3 % | |
| 3 | 定格交流出力電力 | 300 W | |
| 4 | 定格交流出力電流 | AC 1.5 A | |
| 5 | AC フィルタ・コンデンサ最大リプル電圧率 | 1 %$_{p-p}$ | |
| 6 | AC フィルタ・チョーク・コイル最大リプル電流率 | 30 %$_{p-p}$ | |
| 7 | 交流出力電圧波形歪率 | 3 % | *THD* |
| 12 | 定格直流電圧 | DC 350 V | |
| 13 | 直流電圧変動範囲 | DC 350 V ± 50 V | |
| 14 | 定格直流入出力電流 | DC 0.857 A | |
| 15 | 定格直流入出力電力 | 303 W | |
| 16 | 直流リプル電圧率 | 5 %V$_{p-p}$ | 商用周波数成分 |
| 17 | スイッチング周波数 | 100 kHz | |

## GaNトランジスタの特性をチェック

● **GaNトランジスタはMOSFETと足の順番が異なる**

この章ではトランスフォーム・ジャパン社から提供されたGaNトランジスタを使用して高効率DC-ACインバータを実現するため，まずGaNトランジスタTPH3006PSの特性を見ていくことにします．

このGaNトランジスタの等価回路と外観構造を**図1**に示します．通常のMOSFETと足の順番が異なりますので注意が必要です．なお，GaNトランジスタの内部構造や物性などについての解説は，第1章に譲ることにして，ここでは特に触れないことにします．

● **絶対最大定格を見てDC-ACインバータの出力パワーを検討する**

**表2**におもな絶対最大定格を示します．ドレイン-ソース間電圧は600V，温度100℃における連続ドレイン電流は12Aとなっており，200V系の電源回路に使用できます．また，ドレイン電流が12Aの1/2の6A程度までの回路に使用できるので，**表1**に示す仕様のDC-ACインバータが実現可能であることがわかります．

また，このGaNトランジスタはアバランシェ耐量が記載されていませんので，スイッチングによるサージ電圧をNo.5項の過渡ドレイン-ソース電圧の750V以下に抑える必要があります．ゲート電圧は±18Vとなっており，一般的なMOSFETよりやや低くなっているので注意が必要です．

● **電気的特性からDC-ACインバータに使用可能か否か検討する**

次に，電気的な特性を見ていきます．**表3**に静特性，動特性，リバース特性を示します．

この表の静特性から，ON抵抗がやや大きいので変換効率に影響を与えることが考えられます．パワー回路については，このON抵抗の影響が少なくなる回路を検討する必要があります．また，ゲート閾値電圧がMOSFETと比べて低いので，GaNトランジスタの駆動方法が問題になります．

動特性では，寄生容量が少なく，スイッチング時間も短いので，スイッチング素子としては理想スイッチに近づいていると思われます．したがって，高周波でスイッチングしても比較的スイッチング損失が増えないことが考えられます．逆に言うと，回路が理想的にできていないと，電流の転流時に発生する$di/dt$が大きくなるので，回路の配線インダクタンスによるサージ電圧の発生が懸念されます．

リバース特性では，リバース電圧が大きいので損失が増えてしまいます．そこで，高効率にするためには必ず同期整流方式としてリバース電圧を減らすことが必要です．一方，リバース・リカバリ時間は30nsと小さいので問題はないと考えられます．

以上のように，GaNトランジスタの静特性，動特性，リバース特性から，DC-ACインバータに使用できることがわかりましたが，回路を設計するうえで考慮しなければなないことも見えてきました．以降，これらの内容を踏まえてDC-ACインバータの回路設計を進めます．

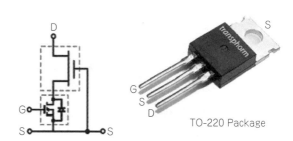

**図1　GaNトランジスタの等価回路と外観構造**

**表2　TPH3006PSの絶対最大定格**

| No. | 記号 | 項目 | 定格値 | 単位 |
|---|---|---|---|---|
| 1 | $I_{D25℃}$ | 連続ドレイン電流@$T_c$ = 25℃ | 17 | A |
| 2 | $I_{D100℃}$ | 連続ドレイン電流@$T_c$ = 100℃ | 12 | A |
| 3 | $I_{DM}$ | パルス・ドレイン電流 (パルス幅100$\mu$s) | 60 | A |
| 4 | $V_{DSS}$ | ドレイン-ソース間電圧 | 600 | V |
| 5 | $V_{TDS}$ | 過渡ドレイン-ソース間電圧 | 750 | V |
| 6 | $V_{GSS}$ | ゲート-ソース間電圧 | ± 18 | V |
| 7 | $P_{D25℃}$ | 最大電力損失 | 96 | W |
| 8 | $T_c$ | 動作温度 (ケース) | − 55 ～ 150 | ℃ |
| 9 | $T_j$ | 動作温度 (ジャンクション) | − 55 ～ 175 | ℃ |
| 10 | $T_s$ | 保存温度 | − 55 ～ 150 | ℃ |
| 11 | $T_{csold}$ | はんだ付けピーク温度 | 260 | ℃ |

表3 TPH3006PSの電気的特性

| No. | 記号 | 項 目 | Min | Typ | Max | 単位 | 条 件 |
|---|---|---|---|---|---|---|---|
| **1．静特性** | | | | | | | |
| 1 | $V_{DSS\text{-}Max}$ | 最大ドレイン-ソース電圧 | 600 | | | V | $V_{GS} = 0$ |
| 2 | $V_{GS(th)}$ | ゲートしきい値電圧 | 1.35 | 1.8 | 2.35 | V | $V_{DS} = V_{GS}$　$I_D = 1\,mA$ |
| 3 | $R_{DS(on)}$ | ドレイン-ソース間ON抵抗($T_j = 25\,℃$) | | 0.15 | 0.18 | Ω | $V_{GS} = 8\,V$　$I_D = 11\,A$　$T_j = 25\,℃$ |
| 4 | $R_{DS(on)}$ | ドレイン-ソース間ON抵抗($T_j = 100\,℃$) | | 0.33 | | Ω | $V_{GS} = 8\,V$　$I_D = 11\,A$　$T_j = 175\,℃$ |
| 5 | $I_{DSS}$ | ドレイン-ソース間漏れ電流($T_j = 25\,℃$) | | 2.5 | 90 | $\mu A$ | $V_{DS} = 600\,V$　$V_{GS} = 0\,V$　$T_j = 25\,℃$ |
| 6 | $I_{DSS}$ | ドレイン-ソース間漏れ電流($T_j = 150\,℃$) | | 10 | | | $V_{DS} = 600\,V$　$V_{GS} = 0\,V$　$T_j = 100\,℃$ |
| 7 | $I_{GSS}$ | ゲート-ソース間順方向漏れ電流 | | | 100 | nA | $V_G = 18\,V$ |
| | | ゲート-ソース間逆方向漏れ電流 | | | $-100$ | nA | $V_G = -18\,V$ |
| **2．動特性** | | | | | | | |
| 1 | $C_{iss}$ | 入力容量 | | 740 | | | |
| 2 | $C_{oss}$ | 出力容量 | | 133 | | pF | $V_{GS} = 0\,V$　$V_{DS} = 100\,V$　$f = 1\,MHz$ |
| 3 | $C_{rss}$ | 帰還容量 | | 3.6 | | | |
| 4 | $C_{o(er)}$ | 帰還容量(エネルギー・レート) | | 56 | | pF | $V_{GS} = 0\,V$　$V_{DS} = 0 \sim 480\,V$ |
| 5 | $C_{o(tr)}$ | 帰還容量(時間レート) | | 110 | | | |
| 6 | $Q_g$ | 総電荷 | | 6.2 | 9.3 | | $V_{DS} = 100\,V$　$V_{GS} = 0 \sim 4.5\,V$ |
| 7 | $Q_{gs}$ | ゲート-ソース電荷 | | 2.1 | | nC | $I_D = 11\,A$ |
| 8 | $Q_{gd}$ | ゲート-ドレイン電荷 | | 2.2 | | | |
| 9 | $t_{d(on)}$ | ターンオン遅延時間 | | 4 | | | |
| 10 | $t_r$ | 立ち上がり時間 | | 3 | | ns | $V_{DS} = 480\,V$　$V_{GS} = 0 \sim 10\,V$ |
| 11 | $t_{d(off)}$ | ターンオフ遅延時間 | | 10.5 | | | $I_D = 11\,A$　$R_G = 2\,Ω$ |
| 12 | $t_f$ | 立ち下がり時間 | | 3.5 | | | |
| **3．リバース特性** | | | | | | | |
| 1 | $I_s$ | リバース電流 | | | 11 | A | $V_{GS} = 0\,V$　$T_j = 100\,℃$ |
| 2 | $V_{SD}$ | リバース電圧 | | 2.3 | 2.8 | V | $V_{GS} = 0\,V$　$I_s = 11\,A$　$T_j = 25\,℃$ |
| 3 | $V_{SD}$ | リバース電圧 | | 1.6 | 1.9 | V | $V_{GS} = 0\,V$　$I_s = 5.5\,A$　$T_j = 25\,℃$ |
| 4 | $t_{rr}$ | リバース・リカバリ時間 | | 30 | | ns | $I_s = 11\,A$　$V_{DD} = 480\,V$ |
| 5 | $Q_{rr}$ | リバース・リカバリ電荷 | | 54 | | nC | $di/dt = 450\,A/\mu s$　$T_j = 25\,℃$ |

## DC-ACインバータの回路を検討する

### ● 系統連系に使用できるDC-ACインバータ回路

　系統連系に使用されるDC-ACインバータ回路は図2に示すブリッジ・インバータ回路が代表的です．この回路はLやCを含んだ力率負荷に電流を流すことが

でき，電流位相を変えることもできます．そこで，開発するDC-ACインバータの基本回路は図2を適用することにします．

　図2のブリッジ・インバータ回路では，図3〜図5のPWM方式が考えられます．これらの制御方式を見ていきます．

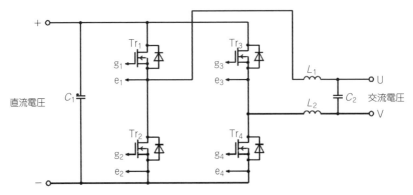

図2　系統連系に使用できるブリッジ・インバータの標準回路

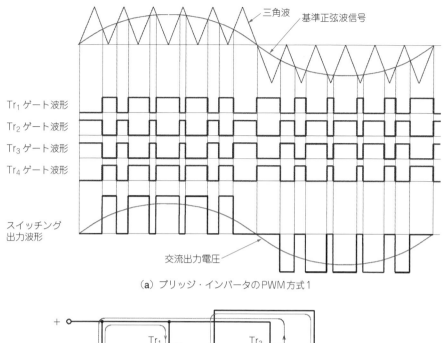

三角波　基準正弦波信号

Tr₁ ゲート波形
Tr₂ ゲート波形
Tr₃ ゲート波形
Tr₄ ゲート波形

スイッチング
出力波形

交流出力電圧

（a）ブリッジ・インバータのPWM方式1

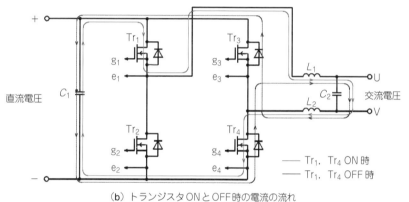

直流電圧　　　　　　　　　　　　　　　　　　　　交流電圧

—— Tr₁, Tr₄ ON 時
—— Tr₁, Tr₄ OFF 時

（b）トランジスタONとOFF時の電流の流れ

図3　制御方式1のPWM波形と電流の流れ

● 制御方式1の電流の流れを検討する

　図3(a)のPWM方式1は，Tr₁とTr₂を交互に相補モードで動作させます．また，Tr₁とTr₄は同じ波形として，Tr₃とTr₄を相補モードで動作します．したがって，Tr₂とTr₃も同じ動作になります．

　このようにトランジスタを動作させると，図3(a)のスイッチング出力波形のようにPWM出力が得られます．このPWM方式の場合は，トランジスタがOFFするとチョーク・コイル電流は継続して流れようとします．この電流はトランジスタがOFFしたときに行き場がないので，図3(b)のように入力コンデンサを介して電流が循環します．そのため，電流が流れる経路が長くなり変換効率が悪化します．今回のように高効率を追求する場合には，最適な制御方式とは言えません．

● 制御方式2の電流の流れを検討する

　図4の方式では，Tr₁とTr₂を相補モードで赤の実線の正弦波で三角波変調方式によりPWMを生成します．Tr₃とTr₄も同様に，相補モードで赤の点線の正弦波で三角波変調方式によりPWM波形を生成します．実線の正弦波と点線の正弦波は位相が180°ずれています．このようにすると，図4(a)のスイッチング出力波形が得られます．

　このPWM方式を適用すると，スイッチング出力電圧の周波数はスイッチング周波数の2倍になっています．そのため，チョーク・コイルのインダクタンスと出力コンデンサの容量を小さくできます．同じリプル電流とリプル電圧値とすれば，1/2の容量にすることが可能です．チョーク・コイルが小さくなることによってチョーク・コイルの巻き線抵抗の損失が少なくなり，変換効率の改善に役立ちます．

ただし，チョーク・コイルに掛かる周波数が2倍になるとコア損失が増加します．例として，チョーク・コイルにフェライト・コアを使用した場合，コアの磁束密度を一定としてスイッチング周波数が2倍になると，コア損失は2倍以上に増加します．このように，スイッチング出力電圧が2倍の周波数になることが変換効率の改善にはあまり繋がらないと考えられます．

一般に，コアの損失は磁束密度と周波数に依存します（**図19**参照）．磁束密度が高くなるとコア損失が増えます．また，周波数が高くなってもコア損失が増えます．損失の増える割合は1より大きくなっているので，コア損失は磁束密度と周波数が高くなることによって急激に増加します．

● 制御方式3の電流の流れを検討する

**図5**のPWM方式3は，**図3**のPWM方式1の片側を低周波にしたものです．この方式でも系統連系インバータを実現することができます．この方式の場合は，低周波側は50/60 Hzの周波数でスイッチングすることになるので，$Tr_3$と$Tr_4$のトランジスタのターンオンとターンオフ損失はほとんど発生しません．

また，**図3**のように，トランジスタがOFFしたときの電流の流れるルートが入力コンデンサまで迂回することはありませんので，変換効率の悪化もありません．

## どのPWM方式を採用するか

ここからは，**図3**から**図5**に示した制御方式1から3までのPWM方式のなかで，今回使用するトランジスタの特性と合わせて高効率が期待できる方式を選択します．まず，**図3**の制御方式1はトランジスタがOFFしたときの電流が入力回路のコンデンサまで循環するため変換効率がよいとは考えにくいので，初めからこの方式は検討の対象から外すことにします．

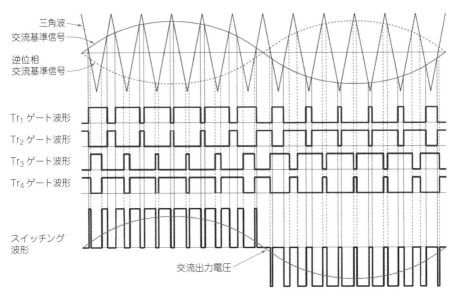

（a）ブリッジ・インバータのPWM方式2

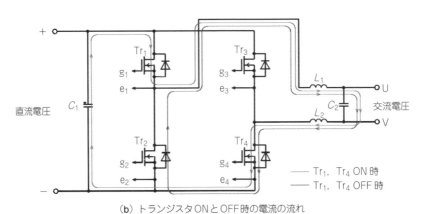

（b）トランジスタONとOFF時の電流の流れ

**図4　制御方式2のPWM波形と電流の流れ**

図4に示す制御方式2と図5に示す制御方式3で，インバータのトランジスタの損失を計算してみることにします．

### ● 制御方式2のトランジスタの損失を計算する

図4の制御方式の場合のトランジスタを流れる電流波形とチョーク・コイル電流波形を図6に示します．また，トランジスタの任意の位相におけるスイッチング波形を図7と考えます．トランジスタがONからOFFしたときは，図4(b)の電流の流れのようにONしたトランジスタの逆側のトランジスタ(Tr₁がOFFしたときはTr₂)が逆導通します．トランジスタは同期整流動作として，ダイオードが導通したときトランジスタをONして損失を減らします．したがって，図6からわかるように，各トランジスタはちょうど出力周波数の1/2サイクル間電流が流れていることになります．

トランジスタの損失は，①図7のaの部分のターンオン損失，③図7のcの部分のターンオフ損失，②図7のbの部分のオン損失の合計とします．

①ターンオン損失は，トランジスタがONするとき電流と電圧は傾斜をもって変化するため発生します．このときのターンオン損失は式(1)となります．

$$W_q(t_{on}) - \frac{\sqrt{2}t_{on}}{6\pi T_s} = V_i I_o \cdots\cdots\cdots\cdots (1)$$

この式で$T_s$はスイッチング周期，$t_{on}$はターンオン時間，$V_i$は直流入力電圧，$I_o$は出力実効電流です．これ以外に，リプル電流と出力コンデンサの進み電流が流れますが，ここでは出力実効電流に比べて十分に小さいとして無視しています．

③ターンオフ損失は，トランジスタがOFFするときの損失で，式(1)と同様に式(2)となります．

$$W_q(t_{off}) = \frac{\sqrt{2}t_{off}}{6\pi T_s} = V_i I_o \cdots\cdots\cdots\cdots (2)$$

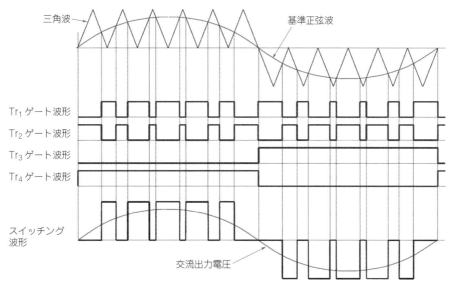

（a）ブリッジ・インバータのPWM方式3

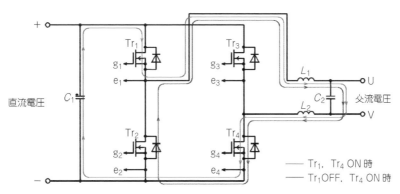

（b）トランジスタONとOFF時の電流の流れ

**図5　制御方式3のPWM波形と電流の流れ**

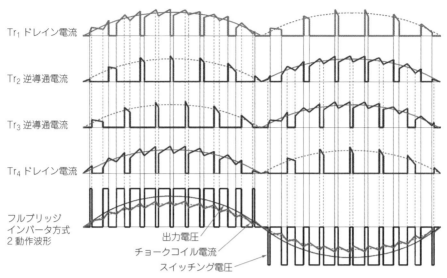

Tr$_1$ ドレイン電流

Tr$_2$ 逆導通電流

Tr$_3$ 逆導通電流

Tr$_4$ ドレイン電流

フルブリッジ
インバータ方式
2 動作波形

出力電圧
チョークコイル電流
スイッチング電圧

図6　図4の方式2のトランジスタとチョーク・コイルの電流波形

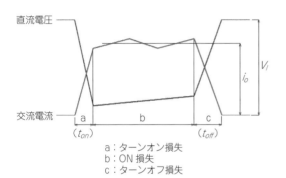

直流電圧

交流電流

$V_l$

$i_o$

a　b　c

$(t_{on})$　$(t_{off})$

a：ターンオン損失
b：ON 損失
c：ターンオフ損失

図7　トランジスタのスイッチング波形

②トランジスタのオン損失は，トランジスタのON
抵抗を$r_q$とすると式(3)となります．**図6**から逆導通
部分も含めると，トランジスタはちょうど1/2サイク
ル間ONしていることになり，1周期間電流が流れた
場合の50％すなわち$1/\sqrt{2}$）となります．この部分で
も出力電流以外にリプル電流と出力コンデンサの進み
電流が流れていますが，負荷電流と比べて十分に小さ
いとして無視しています．

$$W_q(on) = \frac{r_q I_o{}^2}{\sqrt{2}} \quad\cdots\cdots\cdots\cdots\cdots\cdots\cdots\cdots (3)$$

なお，リプル電流は**図6**に示すようにチョーク・コ
イル電流に含まれる三角形の変動部分のことです．コ
ンデンサの進み電流とは，交流電圧がコンデンサに印
加したとき流れる電流で，印加電圧に対して90°進ん
だ電流が流れます．コンデンサの容量をCとし，交流
出力電圧の周波数を$f_o$とすると，コンデンサの進み電
流の実効値の大きさ$I_{cf}$は式(4)となります．

$$I_{cf} = 2\pi f_o C V_o \quad\cdots\cdots\cdots\cdots\cdots\cdots\cdots\cdots (4)$$

それでは，式(1)〜式(3)に具体的な値を代入して損

表4　損失計算に使用する定数

| No. | 記号 | 項　　目 | 値 | 備　　考 |
|---|---|---|---|---|
| 1 | $V_i$ | 入力電圧 [V$_{DC}$] | 350 | |
| 2 | $I_o$ | 出力電流 [A$_{AC}$] | 1.5 | |
| 3 | $T_s$ | スイッチング周期 [$\mu$s] | 10 | $f_s = 100$ kHz |
| 4 | $t_{on}$ | ターンオン時間 [ns] | 3.0 | |
| 5 | $t_{off}$ | ターンオフ時間 [ns] | 3.5 | |
| 6 | $r_q$ | トランジスタのON抵抗[$\Omega$] | 0.15 | |

失を求めてみることにします．代入する値は**表1**の仕
様と**表3**の今回使用するトランジスタの特性から選択
します．ここでは，**表3**の特性をそのまま適用し，**表
4**のようにまとめています．

　**表4**の値を適用して，式(1)から式(3)によって計算
した結果を**表5**に示しています．この結果を見ると，
トランジスタのターンオンとターンオフ損失は高速ス
イッチング素子であるため非常に少なくなっています．
しかし，このトランジスタはON抵抗が比較的大きい
ので，損失のほとんどはON損失であることがわかり
ます．今回のトランスフォーム・ジャパン社から提供
されたGaNトランジスタを使用した場合，このトラ
ンジスタの特長として非常にスイッチング損失が小さ
くできるということが言えます．

● 制御方式3のトランジスタの損失を計算する

　**図5**の制御方式3についても，トランジスタの損失
を計算してみます．**図8**のように，Tr$_1$とTr$_2$は交互
にスイッチングしており，**図4**の方式と同様にトラン
ジスタ1個当たりで考えると1周期間の1/2導通して
います．一方，Tr$_3$とTr$_4$は**図5(a)**のように，出力周
波数(50/60 Hz)でのスイッチングになっているため，

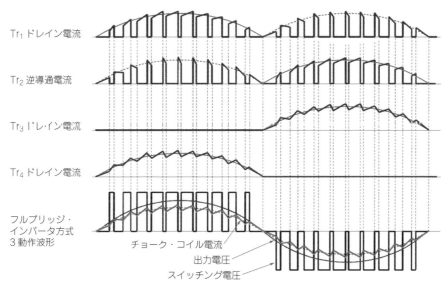

図8 図5の方式3のトランジスタとチョーク・コイルの電流波形

ラベル（上から）:
Tr₁ ドレイン電流
Tr₂ 逆導通電流
Tr₃ ドレイン電流
Tr₄ ドレイン電流
フルブリッジ・インバータ方式3動作波形
チョーク・コイル電流
出力電圧
スイッチング電圧

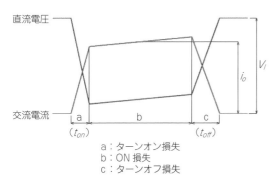

a：ターンオン損失
b：ON 損失
c：ターンオフ損失

図9　トランジスタのスイッチング波形

表5　ブリッジ・インバータのスイッチング損失計算

| No. | 項　目 | 計算値 | 備　考 |
|---|---|---|---|
| 1 | トランジスタのターンオン損失 | 0.012 W | |
| 2 | トランジスタのターンオフ損失 | 0.014 W | |
| 3 | トランジスタのON損失 | 0.239 W | |
| 4 | 1個当たりの合計 | 0.264 W | |
| 5 | ブリッジインバータ全体では | 1.057 W | トランジスタ4個分 |

表6　制御方式3におけるトランジスタのスイッチング損失

| No. | 項　目 | 計算値 | 備　考 |
|---|---|---|---|
| 1 | $Tr_1$ と $Tr_2$ の損失 | 0.528 W | トランジスタ2個分 |
| 2 | $Tr_3$ と $Tr_4$ の損失 | 0.478 W | トランジスタ2個分 |
| 3 | ブリッジインバータ全体では | 1.006 W | トランジスタ4個分 |

ターンオンとターンオフ損失は発生せずON損失のみとなります．

したがって，図9のスイッチング波形により，$Tr_1$ と $Tr_2$ は①ターンオン損失，②ON損失，③ターンオフ損失を適用し，$Tr_3$ と $Tr_4$ は②ON損失のみ適用してトランジスタの損失を求めると表6の結果が得られます．なお，計算条件は表4を適用します．

表5と表6を比較するとわずかですが，方式3のほうが変換効率の改善が期待できます．

● 実験する回路方式を決める

これまで，ブリッジ・インバータを適用した3種類の制御方式を検討しました．その結果，トランジスタのスイッチング損失に着目して変換効率を比較すると，制御方式3の変換効率が最も高効率の期待が高まります．

このような結果に至った理由は，トランジスタのタ

ーンオンとターンオフ時間が短くターンオン損失とターンオフ損失の影響が少ないためです．さらに，図5(b)の回路の $Tr_3$ と $Tr_4$ は高周波ではスイッチングしないので，高速スイッチング・トランジスタでなくてもよいと言えます．そこで，$Tr_3$ と $Tr_4$ にON抵抗が小さいトランジスタを採用することにより，高効率化が期待できます．ここでは，$Tr_3$ と $Tr_4$ にON抵抗が0.055 ΩのMOSFETに変えた場合の変換効率を計算してみます．その結果を表7に示します．

以上の結果から，今回はGaNトランジスタの特性が引き出せて高変換効率が期待できる図5の制御方式3を適用して実際に実験回路を作成して動作させることにします．

**表7 Tr₃とTr₄を低ON抵抗MOSFETに変更した場合のトランジスタの損失**

| No. | 項　目 | 計算値 | 備　考 |
|---|---|---|---|
| 1 | Tr₃とTr₂の損失<br>（ON抵抗0.15Ω） | 0.528 W | トランジスタ2個分 |
| 2 | Tr₃とTr₄の損失<br>（ON抵抗0.055Ω） | 0.175 W | トランジスタ2個分 |
| 3 | ブリッジ・インバータ<br>全体 | 0.703 W | トランジスタ4個分 |

## 実験回路を設計する

ここからは，表1に示す仕様が満足できるインバータ回路を設計することにします．

### ● 設計手順を決める

ここでは図2に示すブリッジ・インバータ回路の設計方法を示します．まず，設計手順を示します．

**(1) 仕様を決める**

回路設計をするためには設計に必要な仕様を決めます．必要な項目は交流電圧，交流電力，交流電流，直流電圧，直流電流，交流リプル電圧，直流リプル電圧，スイッチング周波数，チョーク・コイルの最大リプル電流率が必要です．

これらのなかで，交流リプル電圧，直流リプル電圧，スイッチング周波数，チョーク・コイルの最大リプル電流は，入出力特性とは直接関わりありませんが，回路設計には必要な項目です．

**(2) チョーク・コイルの最大リプル電流率を決める**

チョーク・コイルの最大リプル電流率を経験的に決めます．一般的なDC-ACインバータの場合には交流電流の0.2～0.4程度に設定しますが，双方向コンバータの場合は安定性を考慮して，リプル電流を小さく設定します．ここでは，交流電流の0.3に設定することにします．

**(3) チョーク・コイルのインダクタンスを求める**

最大リプル電流率からチョーク・コイルを流れるリプル電流が決まると，チョーク・コイルのインダクタンスを求めることができます．

**(4) 交流コンデンサの容量とリプル電流を求める**

仕様で決めたリプル電圧から交流コンデンサの容量を求めます．また，コンデンサを流れる電流からリプル電流を計算します．

**(5) 直流コンデンサの容量とリプル電流を求める**

仕様で決めたリプル電圧から直流コンデンサの容量を求めます．また，コンデンサを流れる電流からリプル電流を計算します．

**(6) トランジスタに印加する電圧とピーク電流を求める**

トランジスタは最大定格を超えると破損する恐れが

あります．そのため，トランジスタに印加する最大電圧とピーク電流を求める必要があります．

**(7) 求めた電圧/電流に余裕率を乗じて，電圧/電流定格を求める**

**(8) 求めた部品の電圧/電流定格により部品を選定する**

### ■ パワー回路を設計する

ここでは，図2に示したブリッジ・インバータ回路の部品の定数を決めるために必要な電圧，電流および定数を求めていきます．

### ● 交流LCフィルタのL値とC値を計算で求める

交流のLCフィルタのチョーク・コイルを流れる電流の最大リプル電流率を$K_{IR}$とすると，最大リプル電流は式(5)で求められます．

$$\Delta I_{L\,\max} = K_{IR}I_{orms}$$
$$= 0.3 \times 1.5 = 0.45 \ [\text{A}_{\text{p-p}}] \cdots\cdots\cdots\cdots (5)$$

チョーク・コイルのインダクタンスは最大リプル電流を適用して式(6)で求められます．なお，$T_s$はスイッチング周期，$V_i$は直流電圧です．

$$L = \frac{T_s V_i}{4\,\Delta I_{L\,\max}}$$
$$= \frac{10 \times 10^{-6} \times 350}{4 \times 0.45} = 1944 \ [\mu\text{H}] \cdots\cdots\cdots\cdots (6)$$

交流コンデンサ$C$はフィルム・コンデンサを使用し，最大リプル電圧率$K_{VR}$とすると，最大リプル電圧は式(7)となります．

$$\Delta V_{o\,\max} = K_{VR}V_{orms} = 0.01 \times 200 = 2 \ [\text{V}_{\text{p-p}}] \cdots (7)$$

交流コンデンサの容量は最大リプル電圧を適用して式(8)で求められます．フィルム・コンデンサの場合は内部インピーダンスを無視した式を適用します．なお，ここで使用した最大リプル電圧は自立運転における出力電圧に含まれる最大リプル電圧と見なすことができます．したがって，交流電圧に最大2 V_{p-p}のリプル電圧が発生することになります．

$$C = \frac{T_s^2 V_i}{32 L \Delta V_{o\,\max}}$$
$$= \frac{(10 \times 10^{-6})^2 \times 350}{32 \times 1.944 \times 10^{-3} \times 2} = 0.28 \ [\mu\text{F}] \cdots\cdots\cdots (8)$$

また，交流コンデンサに流れるリプル電流は式(9)となり，この式に値を代入するとリプル電流が得られます．この式中の$I_{cf}$は交流電源電圧をコンデンサ$C$の交流電源周波数のインピーダンスで割り算した進み電流になり，式(11)で表すことができます．

$$I_{crms} = \sqrt{\frac{4}{3}(K_{IR}I_{orms})^2 K_d^2 \left(\frac{1}{2} - \frac{8}{3\pi}K_d + \frac{3}{8}K_d^2\right) + I_{cfrms}}$$
$$\cdots\cdots\cdots\cdots\cdots\cdots\cdots\cdots (9)$$

$$I_{crms} = \sqrt{\frac{4}{3}(0.3 \times 1.5)^2 \times 0.8081^2 \times \left(\frac{1}{2} - \frac{8}{3\pi} \times \right.}$$
$$\overline{\left. 0.8081 + \frac{3}{8} \times 0.8081^2\right) + 0.0176^2}$$
$$= 0.1035 \; [\text{A}] \cdots\cdots\cdots\cdots\cdots\cdots (10)$$

$$I_{crms} = \frac{V_{orms}}{Z_c} = 2\pi f_o C V_{orms}$$
$$= 2\pi \times 50 \times 0.28 \times 10^{-6} \times 200$$
$$= 0.0176 \; [\text{A}] \cdots\cdots\cdots\cdots\cdots (11)$$

なお，$K_d$は交流出力電圧のピーク値と直流電圧の比になり，式(12)で与えられます．

$$K_d = \frac{\sqrt{2} V_{orms}}{V_i}$$
$$= \frac{\sqrt{2} \times 200}{350} = 0.8081 \cdots\cdots\cdots\cdots (12)$$

● 直流コンデンサの容量を計算で求める

直流コンデンサは交流電源周波数成分のリプル電圧が仕様を満足する値に設定します．直流コンデンサのリプル電圧には，スイッチングによるリプル電流で発生するリプル電圧と，交流出力の周波数による充放電で発生するリプル電圧が生じますが，スイッチング周波数のリプル電圧は小さいので無視します．

その結果，直流リプル電圧は仕様に示すリプル電圧 5 %$V_{\text{p-p}}$ を適用して式(13)で求められます．なお，$I_i$ は直流電流，$f_o$ は交流出力周波数，$\Delta V_i$ は直流リプル電圧になります．

$$C_i = \frac{I_i}{2\pi f_o \Delta V_i}$$
$$= \frac{0.857}{2\pi \times 50 \times 17.5} = 156 \; [\mu\text{F}] \cdots\cdots\cdots (13)$$

また，この直流コンデンサ$C_i$に流れるリプル電流は式(14)に$K_d$と交流電流$I_{orms}$を代入すると求められます．このリプル電流が許容できるコンデンサを選定する必要があります．

$$I_{cirms} = \sqrt{\left(\frac{8}{3\pi} - \frac{K_d}{2}\right) K_d} \; I_{orms}$$
$$= \sqrt{\left(\frac{8}{3\pi} - \frac{0.8081}{2}\right) \times 0.8081 \times 1.5} = 0.90 \cdots (14)$$

● トランジスタの定格を決める

トランジスタは印加する電圧とピーク電流を求め，余裕率を乗じて電圧定格と電流定格とします．トランジスタに印加する電圧は直流電圧の最大値になり，式(15)のように求められます．

$$V_{q\,\text{max}} = V_{dc\,\text{max}} = 350 + 50 = 400 \; [\text{V}] \cdots\cdots (15)$$

通電電流のピーク値は，交流電流にリプル電流を加えた値になります．$K_d$は式(12)で求めた値であり，これと交流電流を適用して求めると式(16)となります．

$$I_{q\,\text{max}} = \left(\sqrt{2} + 2K_{IR}K_d\left(1 - \frac{K_d}{2}\right)\right) I_{orms}$$
$$= \left(\sqrt{2} + 2 \times 0.3 \times 0.8081 \times \left(1 - \frac{0.8081}{2}\right)\right) \times 1.5$$
$$= 2.26 \; [\text{A}] \cdots\cdots\cdots\cdots\cdots\cdots (16)$$

● 計算結果のまとめ

いままで計算で求めた結果をまとめると表8となります．

表8　計算結果のまとめ

| No. | 項　目 | 計算結果 |
|---|---|---|
| 1 | チョーク・コイルの最大リプル電流 | 0.45 A |
| 2 | チョーク・コイルのインダクタンス | 1.9 mH |
| 3 | チョーク・コイルの通電電流 | 1.5 A |
| 3 | 交流コンデンサの最大リプル電圧 | 2 V |
| 4 | 交流コンデンサの容量 | 0.28 μF |
| 5 | 交流コンデンサのリプル電流 | 0.103 A |
| 6 | 直流コンデンサのリプル電圧 | 17.5 $V_{\text{p-p}}$ |
| 7 | 直流コンデンサの容量 | 156 μF |
| 8 | 直流コンデンサのリプル電流 | 0.903 A |
| 9 | トランジスタの最大印加電圧 | 400 V |
| 10 | トランジスタのピーク電流 | 2.26 A |

表9　部品の余裕率

| No. | 項　目 | 余裕度 |
|---|---|---|
| 1 | 入力コンデンサの容量 | 100 %リプル電流を満足 |
| 2 | 入力コンデンサの電圧 | 最大印加電圧の1ランク上 |
| 3 | チョーク・コイルのインダクタンス | 定格電流時100 % |
| 4 | チョーク・コイルの電流 | 実効電流の100 % |
| 5 | トランジスタの電圧 | 最大印加電圧の150 % |
| 6 | トランジスタの電流 | ピーク電流の200 % |
| 7 | ダイオードの電圧 | 最大印加電圧の150 % |
| 8 | ダイオードの電流 | ピーク電流の200 % |
| 9 | 出力コンデンサの容量 | リプル電圧・電流を満足 |
| 10 | 出力コンデンサの電圧 | 最大印加電圧の1ランク上 |

表10　計算で求めた各部品の定格

| No. | 項　目 | 定　格 |
|---|---|---|
| 1 | 交流コンデンサの容量 | 0.33 μF, 許容リプル電流0.1 A |
| 2 | 交流コンデンサの電圧 | AC 225 V |
| 3 | チョーク・コイルのインダクタンス | 1.9 mH |
| 4 | チョーク・コイルの電流 | 1.5 A |
| 5 | トランジスタの電圧 | 600 V |
| 6 | トランジスタの電流 | 5 A |
| 7 | 直流コンデンサの容量 | 150 μF, 許容リプル電流0.9 A |
| 8 | 直流コンデンサの電圧 | 450 $V_{DC}$ |

● **パワー回路部品の定格を決定する**

　前項で各部の電圧／電流が求められたので，**表9**に示す余裕率を乗じて部品定格を決めます．その結果，**表10**のように使用部品の定格を決めることができます．

**写真1　ハーフブリッジ・リファレンス・ボードの外観**

● **今回の設計結果は適切か**

　今回設計で得られたトランジスタの定格は600 V・5 Aであるので十分に使用可能です．

### トランスフォーム社の
### リファレンス・ボードを調べる

　実験回路を作成する前に，トランスフォーム・ジャパン社から提供されたリファレンス・ボードを確認し，可能であれば使用することにします．**写真1**にハーフブリッジ・リファレンス・ボード，**写真2**にフルブリッジ・リファレンス・ボードを示します．

● **ハーフブリッジ・リファレンス・ボードの内容を調べる**

　ハーフブリッジ・リファレンス・ボードは**写真1**に示した外観構造になっています．また，回路図を**図10**に示しています．外部から駆動信号を入力できるようになっています．1個の放熱板にGaNトランジスタが2個背中合わせに実装されており，スイッチング電流が流れるループが短くできるプリント基板パターンとなっています．

　トランジスタの駆動回路は，SI8230BBというSillicon Labs社のハイ・サイド／ロー・サイド・ドラ

**写真2　フルブリッジ・リファレンス・ボードの
外観**

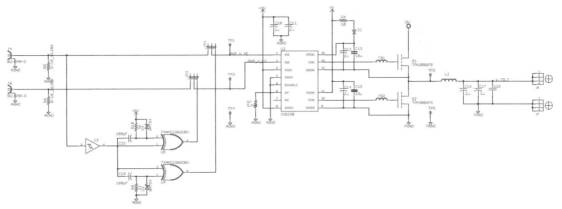

**図10　ハーフブリッジ・リファレンス・ボードの回路図**（詳細図は第2章の図24を参照，p.34）

イバICが実装されています．ゲート回路はドライバICの出力にフェライト・ビーズを介してゲート抵抗なしで直接接続しています．ゲート駆動ICの出力インピーダンスは6Ωで，GaNトランジスタ内部のゲート抵抗は2Ωになっており，計8Ωの抵抗を介してトランジスタは駆動されます．したがって，ゲート電流のピーク値は駆動電圧を12Vとすると1.5Aになることがわかります．

ゲートに挿入しているフェライト・ビーズはTDK製のFB0603で，1MHzの周波数に対して120Ωのインピーダンスをもちます．このインピーダンスにより

ゲート回路の高周波振動を抑え，ドレイン電圧の振動によるサージ電圧を減らしています．

外部から100kHzでON幅50％の方形波信号を入力して，GaNトランジスタを動作したときのドレイン-ソース間スイッチング波形とチョーク・コイル電流を図11に示します．このGaNトランジスタの動特性は，表2のNo9～No12のように非常に高速で動作せることができ，ターンオンおよびターンオフ時のスイッチング損失を大幅に減らすことができます．

しかし，このような高速スイッチングを行う場合，スイッチング回路のプリント基板のパターンが長くな

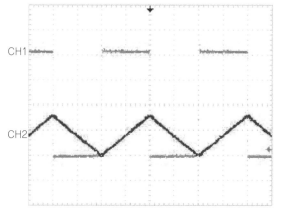

**図11** ハーフブリッジ・リファレンス・ボードを外部信号で動作させたときのスイッチング波形（$CH_1$：100V/div, $CH_2$：2A/div, 2.5μs/div）
$CH_1$：Q1-Q2間スイッチング波形（TP2-TP5間），$CH_2$：チョーク・コイル電流，入力電圧：DC 401.30V，入力電流：DC 0.753A，出力電圧：DC 197.42V，出力電流：DC 1.500A，変換効率：98.00％

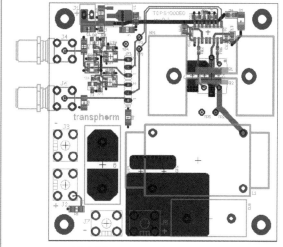

(**a**) PCB：Top and Bottom Layers

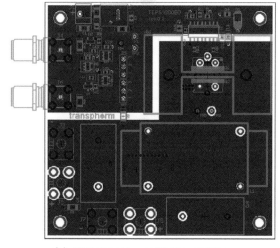

(**b**) PCB：Inner Layer 2：Ground Plane

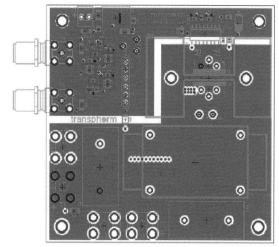

(**c**) PCB：Inner Layer 3：Power Plane

**図12** ハーフブリッジ・リファレンス・ボードの基板配線

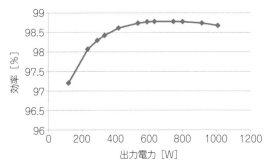

図13 ハーフブリッジ・レファレンス・ボードの変換効率

りインダクタンスが大きくなると大きなサージ電圧が発生し使いものになりませんが，**図12**のようなプリント基板配線になっていると，**図11**のスイッチング波形のようにサージ電圧を小さくできます．

このボードを使用した場合の変換効率を**図13**に示しています．これは入力電圧DC 400 V，出力電圧DC 200 Vの場合です．このグラフのように99 %を少し下回った結果となっています．本稿の目的である99 %は達成できませんが，99 %に近い変換効率のインバータができる可能性があります．

表11 電流センサICのおもな仕様

| No. | 記号 | 項目 | Min | typ | max | 単位 | 備考 |
|---|---|---|---|---|---|---|---|
| 1 | $I_p$ | 1次電流 | $-5$ | | $+5$ | A | |
| 2 | Sens | 感度 | 180 | 185 | 190 | mV/A | センタ2.5 V |
| 3 | $V_{CC}$ | 電源 | 4.5 | 5 | 5.5 | V | |
| 4 | $I_{CC}$ | 消費電流 | | 10 | 13 | mA | |
| 5 | $C_{LOAD}$ | 出力容量性負荷 | | | 10 | nF | |
| 6 | $R_{LOAD}$ | 出力負荷抵抗 | 4.7 | | | kΩ | |
| 7 | $R_{PRIMARY}$ | 1次側導体抵抗 | | | 1.2 | mΩ | |
| 8 | $T_r$ | 立ち上がり時間 | | 5 | | μs | |
| 9 | $F$ | 周波数帯域幅 | | 80 | | kHz | |
| 10 | $E_{LIN}$ | 非直線性 | | 1.5 | | % | |
| 11 | $E_{SYM}$ | 非対称性 | 98 | 100 | 102 | % | |
| 12 | $R_{F(INT)}$ | 内部フィルタ抵抗 | | 1.7 | | kΩ | |

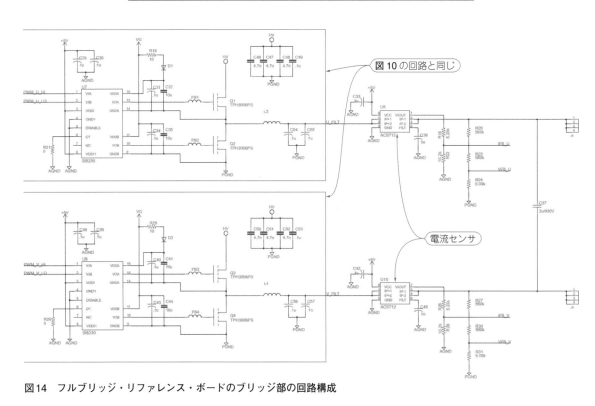

図14 フルブリッジ・リファレンス・ボードのブリッジ部の回路構成

● フルブリッジ・リファレンス・ボードの内容を調べる

　フルブリッジ・リファレンス・ボードのブリッジ部の回路構成を**図14**に示します．**図10**に示したハーフブリッジの2回路構成になっており，トランジスタの駆動回路はハーフブリッジ・リファレンス・ボードと同じICが実装されています．したがって，トランジスタのスイッチング特性はハーフブリッジと同様になると考えられます．

　また，出力側のチョーク・コイルのラインには電流センサICのACS712がそれぞれ実装されています．このACS712のおもな仕様を**表11**に示します．この電流センサICの1次の導体の抵抗は1.2mΩとなっており，ほとんど変換効率には影響を与えません．1次電流は185mV/Aの感度で2次電圧に変換されます．したがって，マイコンに電流を取り込む場合は増幅器が必要です．

　このボードのパターン・レイアウトを**図15**に示し

ます．プリント基板は4層になっており，中の2層がプラス・ラインとマイナス・ラインになっています．その結果，トランジスタのプラス-マイナス間の配線が短くでき，サージ電圧の発生を低く抑えています．トランジスタはハーフブリッジと同様に一つの放熱板に背合わせに実装されており，スイッチング電流が流れる経路が短くなって配線のインダクタンスも小さくなり，スイッチング電流の転流時の*di/dt*によるサージ電圧の発生を少なくしています．

　このボードにはTI社のマイコン・ボードが実装されています．このマイコン・ボートにはTI社のPiccoloシリーズのTMS320F28035マイコンが実装されています．このマイコンのおもな仕様を**表12**に示します．TMS320F28035は，32ビット固定小数点マイコンで60MHzのクロックで動作します．このマイコンは電源回路をディジタル制御で動作させるための機能が実装されており，ブリッジ回路のトランジスタを駆動できます．

**表12　TMS320F28035のおもな仕様**

| No. | 項　目 | 仕　様 | |
|---|---|---|---|
| 1 | パッケージ | 64ピン | 80ピン |
| 2 | アーキテクチャ | 32ビット固定小数点マイコン | |
| 3 | クロック周波数 | 60MHz | |
| 4 | インストラクション・サイクル | 16.67ns | |
| 5 | 浮動小数点演算 | CLA（Control Lau Accelerator） | |
| 6 | フラッシュROM | 64k | |
| 7 | SARAM | 10k | |
| 8 | PWM | 12本 | 14本 |
| 9 | 150psハイレゾリューションPWM | 6本 | 7本 |
| 10 | 12ビットA-D変換器 | 14本 | 16本 |
| 11 | A-D変換時間 | 216.67ns | |
| 12 | I/Oピン | 33本 | 45本 |
| 13 | 電源電圧 | 3.3V | |

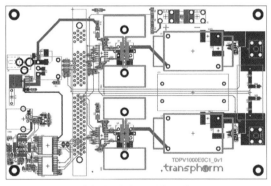

（a）上面と裏面の基板配線

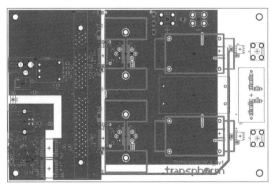

（b）電源＋ラインの基板配線

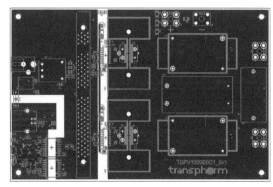

（c）電源グラウンド・ラインの基板配線

**図15　フルブリッジ・リファレンス・ボードの基板配線**

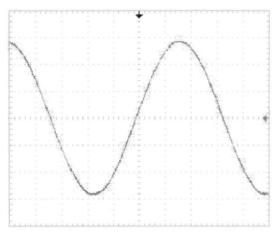

**図16 交流出力電圧波形**（縦：100 V/div，横：2.5 ms/div）
入力電圧：DC 288.91 V，入力電流：DC 1.051 A，出力電圧：
AC 200.09 V，出力電流：AC 1.493 A，変換効率：98.37 %

このマイコンは高分解能（ハイレゾリューション）
PWM を発生できます．最小分解能は 150 ps で，
100 kHz スイッチング電源を実現するためには十分で
す．PWM はのこぎり波と三角波変調方式が適用でき
ます．今回のような交流電圧を発生する場合は三角波
変調により，**図4**(a) および**図5**(a) の PWM パルスを
容易に生成できます．この場合の交流出力電圧波形を
**図16**に示しています．このフルブリッジ・リファレ
ンス・ボードの変換効率は，**図17**のようにおおむね
ハーフブリッジと同じになっています．回路が同じな
ので同様な結果になったと思われます．

## リファレンス・ボードの<br>活用をどうするか

● **リファレンス・ボードを活用する理由**
　トランスフォーム・ジャパン社から提供されたリ
ファレンス・ボードを活用して実験回路を実現したいと
考えます．その理由として，以下のようなことが考え
られます．
(1) 手作りで実験回路を作成すると配線が長くなりサ
　ージ電圧が発生して変換効率が悪化する．
(2) GaN トランジスタの性能を 100 %引き出すために
　は駆動回路が重要である．そこで，GaN トランジ
　スタの性能が 100 %引き出せるゲート回路としてリ
　ファレンス・ボードの回路が望ましい．また，高周
　波で安定なゲート回路である必要があるので，プリ
　ント基板設計も重要となる．
　このような観点からリファレンス・ボードの使用を
検討します．

● **ハーフブリッジかフルブリッジか**
　フルブリッジ・リファレンス・ボードの変換効率は，

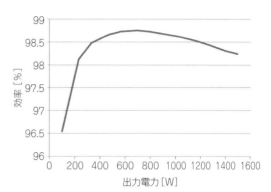

**図17 フルブリッジ・リファレンス・ボードの変換効率**

今回の 300 W の場合には**図17**から 98 %程度になるこ
とが想定されます．フルブリッジ回路を使用してその
まま交流電圧を発生できますが，回路を変更できない
ので，これ以上の変換効率の改善は望めません．そこ
で，ハーフブリッジ・リファレンス・ボードを活用す
ることにします．ただし，このボードでもこのまま使
用したのでは変換効率は 99 %に達しませんので，外
部に回路を追加します．
　**表7**で検討したように，ブリッジ・インバータの駆
動方式を3として，高周波スイッチングには今回の
GaN トランジスタを使用したハーフブリッジのリ
ファレンス・ボードとし，低周波スイッチングに ON 抵
抗が小さい MOSFET を使用することで変換効率を改
善することができると考えます．また，リファレンス・
ボードに実装されているチョーク・コイルはインダク
タンスが小さいので，損失の少ないフェライト・コア
を使用したものに取り換えることにします．

## ハーフブリッジ・リファレンス・ボード<br>を使用したブリッジ・インバータの設計

　ここからはハーフブリッジ・リファレンス・ボード
回路を生かして，ブリッジ・インバータ回路を設計し

**表13 TK39A60W の絶対最大定格**

| No. | 記号 | 項 目 | 定格値 | 単位 |
|---|---|---|---|---|
| 1 | $I_D$ | 連続ドレイン電流（DC） | 38.8 | A |
| 2 | $I_{DP}$ | 連続ドレイン電流（パルス） | 155 | A |
| 3 | $E_{AS}$ | アバランシェ・エネルギー（単発） | 608 | mJ |
| 4 | $I_{AR}$ | アバランシェ電流 | 9.7 | A |
| 5 | $V_{DSS}$ | ドレイン-ソース間電圧 | 600 | V |
| 6 | $V_{GSS}$ | ゲート-ソース間電圧 | ± 30 | V |
| 7 | $PD$ | 許容損失 | 50 | W |
| 8 | $T_{ch}$ | チャネル温度 | − 55 ～ 150 | ℃ |
| 9 | $T_s$ | 保存温度 | − 55 ～ 150 | ℃ |
| 10 | $V_{ISO(RMS)}$ | 絶縁耐圧（実効値） | 2000 | V |
| 11 | $TOR$ | 締め付けトルク | 0.6 | Nm |

**表14 TK39A60Wの電気的特性**（$T_A = 25$℃）

| No. | 記号 | 項目 | Min | Typ | Max | 単位 | 条件 |
|---|---|---|---|---|---|---|---|
| **1. 静特性** | | | | | | | |
| 1 | $V_{(BR)DSS}$ | ドレイン-ソース間降伏電圧 | 600 | | | V | $I_D = 10\,\mathrm{mA}$  $V_{GS} = 0$ |
| 2 | $V_{th}$ | ゲートしきい値電圧 | 2.7 | | 3.7 | V | $V_{DS} = 10\,\mathrm{V}$  $I_D = 1.9\,\mathrm{mA}$ |
| 3 | $R_{DS(on)}$ | ドレイン-ソース間ON抵抗 | | 0.055 | 0.065 | Ω | $V_{GS} = 10\,\mathrm{V}$  $I_D = 19.4\,\mathrm{A}$ |
| 4 | $I_{GSS}$ | ゲート漏れ電流 | | | 1 | μA | $V_{GS} = \pm30\,\mathrm{V}$  $V_{DS} = 0\,\mathrm{V}$ |
| 5 | $I_{DSS}$ | ドレイン遮断電流 | | | 10 | | $V_{DS} = 600\,\mathrm{V}$  $V_{GS} = 0\,\mathrm{V}$ |
| **2. 動特性** | | | | | | | |
| 1 | $C_{iss}$ | 入力容量 | | 4100 | | | |
| 2 | $C_{oss}$ | 出力容量 | | 90 | | pF | $V_{GS} = 0\,\mathrm{V}$  $V_{DS} = 300\,\mathrm{V}$  $f = 100\,\mathrm{kHz}$ |
| 3 | $C_{rss}$ | 帰還容量 | | 106 | | | |
| 4 | $C_{o(er)}$ | 帰還容量（エネルギー換算） | | 165 | | pF | $V_{GS} = 0\,\mathrm{V}$  $V_{DS} = 0 \sim 400\,\mathrm{V}$ |
| 5 | $r_g$ | ゲート抵抗 | | 2 | | Ω | $V_{DS} = \mathrm{OPEN}$  $V_{GS} = 0\,\mathrm{V}$ |
| 6 | $Q_g$ | 総電荷 | | 110 | | | |
| 7 | $Q_{gs}$ | ゲート-ソース電荷 | | 23 | | nC | $V_{DS} = 400\,\mathrm{V}$  $V_{GS} = 10\,\mathrm{V}$  $I_D = 38.8\,\mathrm{A}$ |
| 8 | $Q_{gd}$ | ゲート-ドレイン電荷 | | 52 | | | |
| 9 | $t_{d(on)}$ | ターンオン遅延時間 | | 80 | | | |
| 10 | $t_r$ | 立ち上がり時間 | | 50 | | ns | $V_{DS} = 400\,\mathrm{V}$  $V_{GS} = 0 \sim 10\,\mathrm{V}$  $I_D = 19.4\,\mathrm{A}$  $R_G = 10\,\Omega$ |
| 11 | $t_{d(off)}$ | ターンオフ遅延時間 | | 200 | | | |
| 12 | $t_f$ | 立ち下がり時間 | | 9 | | | |
| **3. リバース特性** | | | | | | | |
| 1 | $V_{SDF}$ | 順方向電圧（ダイオード） | | | 1.7 | V | $V_{GS} = 0\,\mathrm{V}$  $I_{DR} = 38.8\,\mathrm{A}$ |
| 2 | $I_{rr}$ | ピーク逆回復電流 | | 21 | | A | $V_{GS} = 0\,\mathrm{V}$ |
| 3 | $t_{rr}$ | 逆回復時間 | | 450 | | ns | $I_{DR} = 19.4\,\mathrm{A}$  $V_{GS} = 0\,\mathrm{V}$  $di/dt = 50\,\mathrm{A/\mu s}$ |
| 4 | $Q_{rr}$ | 逆回復電荷 | | 5 | | μC | |
| 5 | $dv/dt$ | ダイオード$dv/dt$耐量 | 15 | | | V/ns | $I_{DR} = 19.4\,\mathrm{A}$  $V_{GS} = 0\,\mathrm{V}$  $V_{DD} = 400\,\mathrm{V}$ |

ます．初期設計で得られた定数を適用することが望ましいですが，リファレンス・ボードの定数を生かすようにします．ただし，ハーフブリッジ・リファレンス・ボードのチョーク・コイルのインダクタンスは320μHで，設計値は1.9mH必要になるので，新規に設計します．

● **低周波側のスイッチング回路の設計**

　低周波側は，ON抵抗が低いトランジスタを選定します．今回はあまり大きな電力を扱いません．そのため，トランジスタの放熱特性は気にすることはないので，熱伝導特性が落ちる絶縁タイプのTO-220とします．

　そこで，この条件に適合したトランジスタとして東芝製のTK39A60Wを選択します．このトランジスタの絶対最大定格を**表13**，電気的特性を**表14**に示します．

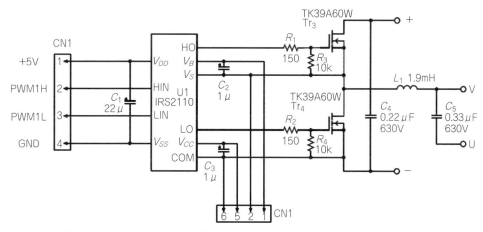

**図18　低周波側インバータのスイッチング回路**

このトランジスタのON抵抗は0.055Ωなので、**表7**に示す損失に収まることが期待できます。ゲート回路は周波数が低くブートストラップ回路が使用できないので、ハイ・サイドとロー・サイド個別に電源を供給します。駆動信号は電源周波数になるので、マイコンから方形波信号を送出してハイ・サイド/ロー・サイド駆動用のICで動作させます。

このトランジスタはFRDを内蔵していませんので、ダイオードのリカバリ時間ぶんのデッド・タイムが必要になります。そこで、PWMの立ち上がり時にデッド・タイムを挿入します。駆動用のICはIR社のIRS2110を使用します。以上の内容を回路図に表すと**図18**となります。

### ● チョーク・コイルの設計

今回のインバータでは損失を3Wに抑える必要がありますが、計算ではトランジスタの損失は1W以下にできそうです。

他の部品ではチョーク・コイルの損失が大きくなります。そこで、チョーク・コイルの損失が1Wになるように設計します。残りは1Wありますが、その他の損失として不明な損失がいろいろあるため、これらの損失とします。

### ● チョーク・コイルのコア・サイズの検討

ここでは、チョーク・コイルの損失が1Wになるようにコア・サイズを検討します。チョーク・コイルのコア材は高周波で損失が少ないフェライト・コアとします。フェライト・コアには何種類かのコア材がありますが、そのなかで最も低損失のコアを使用します。TDK社のコアではPC95材が相当します。

コアの形状ですが、漏れ磁束が大きいと損失増加の原因になりますので、できるだけ巻き線がコアで覆われるPQコアとします。サイズは、PQ20/16からPQ50/50まであります。低損失にするためには、磁束密度を50mTから100mT程度に設定する必要があります。TDKのPQコアのデータシートを見ると、100kHzで磁束密度を200mTとしたときのフォワード・コンバータの出力容量が記載されています。これを手がかりに概算のサイズを検討します。

磁束密度を1/4の50mTにすると、チョーク・コイルの容量が4倍になることが想定されます。一方、フォワード・コンバータは1次と2次の巻き線が必要ですが、チョーク・コイルは1巻き線しか必要ありませんので、1/2の容量で済みます。また、フォワード・コンバータは最大50%のパルス幅で動作するので、容量的には70%でよいことになります。以上の結果、サイズは4/2×0.7 = 1.4倍と考えます。したがって、フォワード・コンバータでは、300W×1.4 = 420W

出力できるコアを選定すればよいことになります。

以上の結果から、PQ32/30（365W）、PQ35/35（512W）、PQ40/40（747W）のなかから電力損失が少ない設計を選択します。他にチョーク・コイルの設計での注意点として、DC-ACインバータの場合の電流のピーク値は実効電流の1.4倍になりますので、この電流で飽和しないようにする必要があります。

チョーク・コイルの設計では、いろいろな選択要素があります。コア・サイズを決めた場合、電線径を太くして抵抗値を下げる設計をした場合に巻き数が少なくなり、磁束密度が高くなってコア損失が増えます。逆に、コア損失が増えないように磁束密度を下げると巻き数が増えて巻き線抵抗が増え巻き線損失が増加します。このような関係から、コア・サイズが決まると最も損失が少なくなる電線径と巻き数が決まってしまいます。必ずしもコア・サイズが大きいほうが損失を少なくできるわけではありません。

### ● DC-ACインバータ用チョーク・コイルの設計法

DC-ACインバータの場合、チョーク・コイルには交流電流が流れます。また、チョーク・コイルには直流電圧と交流電圧の差電圧がかかりますので、一定電圧が印加しているわけではありません。さらに、チョーク・コイルに印加しているパルス幅は交流電圧の位相で変化して一定ではありません。このように、いろいろな要素が変化している場合の設計法を以下に示します。

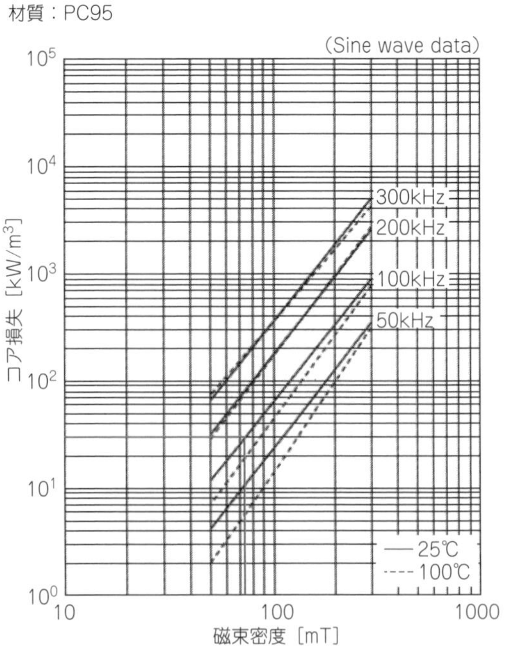

材質：PC95

**図19 単位体積当たりの損失と磁束密度の関係**

### (1) コア・サイズを決める

▶コア・サイズを決めると，データシートから以下の項目が決まります．

コアの実効断面積$A_e$[mm²]
コアの実効体積$V_e$[mm³]

▶ボビンのデータシートから，以下が決まります．

巻き線用ボビンの巻き線可能な断面積$W_e$[mm²]
平均巻き線長$L_w$[mm]

### (2) コア損失を満足する磁束密度を求める

▶コア損失と巻き線損失を，全損失のそれぞれ1/2に決める

ここでは全損失を1Wとしましたので，コア損失は1/2の0.5W，巻き線損失も1/2の0.5Wとなります．

▶コア損失と実効体積から磁束密度を求める

コア損失$W_c$[W]，コアの実効体積を$V_e$[mm³]とすると，単位体積当たりの損失$Q$[kW/m³]は式(17)となります．

$$Q = W_c/V_e \cdots\cdots\cdots\cdots\cdots\cdots (17)$$

コアの単位体積当たりの損失が求められましたので，**図19**から磁束密度を求めます．求めた単位体積当たりの損失から横に線を引き，スイッチング周波数と交わったところから下に線を引いたところが，求める磁束密度となります．**図19**の例では単位体積あたりの損失を30 kW/m³とし，スイッチング周波数を100 kHzとすると，磁束密度は72 mTと求められます．

### (3) 磁束密度が満足できる巻き数を求める

磁束密度は交流電圧の位相に応じて変化しているので，ここでは平均磁束密度を使用します．平均磁束密度$\Delta B_{ave}$[T]は，直流電圧を$V_i$[V]，スイッチング周期$T_s$[μs]，入出力電圧比を$K_d$，巻き数を$N$，コアの実効断面性を$A_e$[mm²]とすると式(18)となります．なお，入出力で電圧比$K_d$は，交流電圧のピーク値と直流電圧の比で式(12)により表されています．

$$\Delta B_{ave} = \frac{2\sqrt{2}\,V_iT_s}{NA_e}\left(\frac{1}{\pi}-\frac{K_d}{4}\right)\times 1000 \cdots\cdots\cdots (18)$$

ここで，$V_i$，$T_s$，$A_e$，$K_d$は既知なので，式(18)の磁束密度$\Delta B_{ave}$と巻き数$N$を入れ換えることにより，チョーク・コイルの巻き数が求められます．

### (4) 巻き線損失から巻き線抵抗を求める

巻き線損失を$W_r$，巻き線抵抗を$R_w$，チョーク・コイル電流を$I_L$とすると，巻き線抵抗は式(19)となります．

$$R_w = W_r/I_L^2 \cdots\cdots\cdots\cdots\cdots\cdots\cdots (19)$$

### (5) 電線径を決める

▶単位長さ当たりの巻き線抵抗を求めます．まず，巻き線の長さを求めます．チョーク・コイルの巻き線長はボビンの平均巻き線長に巻き数を掛け算します．巻き線の長さを$L_w$とすると式(20)となります．次に，式(19)で求めた巻き線抵抗$R_w$を巻き線長$L_w$で割り算すると，単位長さ当たりの巻き線抵抗$R_{wu}$になります．

$$L_w = N_wL_a \cdots\cdots\cdots\cdots\cdots\cdots\cdots\cdots (20)$$

PQシリーズ

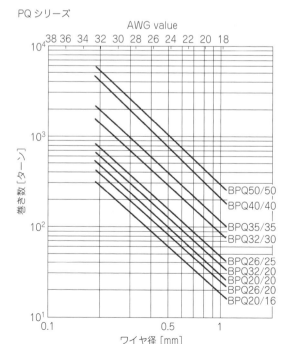

**図20　PQコアの電線径と巻き数の関係**

NI limit vs. AL-value(Typ.)

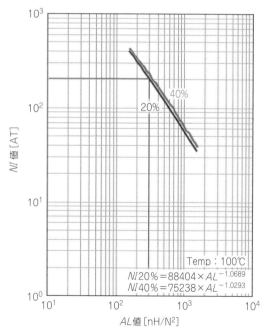

20%および40%のグラフはAL-valueが直流重畳により初期値から20%と40%低下したときの値を示している

**図21　PQ35/35の$NI$と$AL$値の関係**

$$R_{wu} = \frac{R_w}{L_w} \times 1000000 \cdots\cdots\cdots\cdots\cdots (21)$$

単位長さは一般的にΩ/kmが使用されるため，位取りを合わせています．

▶単位長さ当たりの抵抗値が決まりましたので，電線表(JIS C3203，フォルマール線1種寸法表)から該当する電線径を求めます．電線径はいつもぴったりと決まりませんので，最も近い電線径を選定します．

▶電線径が決まりましたら，**図20**から巻き線可能かどうかを判断します．例として，PQ40/40のコアを使用した場合，1φの電線径の場合，約200ターン巻けることがわかります．式(18)から求めた巻き数が**図20**で得られる巻き数より少なければ巻き線可能となります．逆に多い場合は，再度コア・サイズから検討し直す必要があります．

**(6) 飽和電流を確認する**

▶必要なインダクタンスと巻き数から1ターン当たりのインダクタンスを計算します．インダクタンスを$L$[μH]，巻き数をNとする1ターン当たりのインダクタンス$AL$[nH]は式(22)となります．

$$AL = \frac{L \times 1000}{N^2} \text{ [nH]} \cdots\cdots\cdots\cdots\cdots (22)$$

**図21**から，必要な電流を流したときにチョーク・コイルが飽和するかどうかをチェックします．例として，$AL$値が300[nH]とすると，図の赤線のように飽和ATは200と求められます．この飽和ATを巻き数で割り算した値が通電可能な電流値となります．この電流値が通電最大値以上であれば問題ありませんが，不足の場合は再設計します．

ここで，最大電流値は出力実効電流の1.4倍のピーク値が最低値となります．過電流の余裕を見ると，そのぶん電流値は大きくなります．なお，**図21**ではグラフが2本ありますが，1本はインダクタンスが20%低下する線で，もう1本は40%低下する線です．このように，おおむね20%と40%は重なっており，電流値が線より越えると急激にチョーク・コイルは飽和することを示していますので，注意が必要です．

**(7) コアにギャップを入れてインダクタンスを合わせる**

▶AL値からギャップの大きさを求める

例として，$AL$値が300[nH]の場合は**図22**のようにギャップの大きさは0.8[mm]となります．この値は中足(center pole)にギャップを入れる場合です．コア全体にスペーサを入れる場合は1/2にします．

**(8) 表皮効果による巻き線抵抗の増加を計算に加える**

▶スイッチング周波数が50kHz以上，電線径が0.5φ以上の場合は表皮効果の影響を受けます．そこで，この影響を考慮します．ただし，チョーク・コイルに流れる電流の高周波ぶんはリプル電流ぶんになるので，流れる電流すべてが影響するわけではありません．表皮効果の影響は簡易式を使用して，以下のように求められます．

▶表皮効果の計算

スイッチング周波数$f_s$[kHz]から式(23)により表皮深さ$d$[mm]を求めます．

$$d = 2.089\sqrt{\frac{1}{f_s}} \cdots\cdots\cdots\cdots\cdots (23)$$

電線の直径を$D$[mm]として，式(24)により$\alpha$を計算します．

$$\alpha = \frac{D}{4d} \cdots\cdots\cdots\cdots\cdots (24)$$

表皮効果による抵抗増加率は，この$\alpha$が1より小さいときは式(25)により，1より大きいときは式(26)により求められます

$$\frac{R}{R_0} = 1 + \frac{\alpha^4}{3} \cdots\cdots\cdots\cdots\cdots (25)$$

$$\frac{R}{R_0} = \alpha + \frac{1}{4} + \frac{3}{64\alpha} \cdots\cdots\cdots\cdots\cdots (26)$$

▶表皮効果の影響を検討する

表皮効果はリプル電流ぶんのみ影響するため，ここでは簡易的にチョーク・コイル電流のリプル電流率を適用して影響度合いを組み入れます．チョーク・コイルの巻き線抵抗のリプル電流率ぶんの抵抗値について式(25)または式(26)が影響するとします．このようにすると，必ずしも正確ではありませんが，表皮効果の影響を考慮できます．その結果，式(27)の抵抗増加率になります．

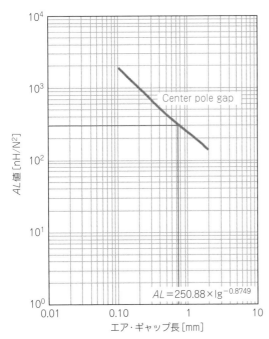

**図22　PQ35/35の$AL$値とギャップの関係**

（グラフ内）
Center pole gap
$AL = 250.88 \times \lg^{-0.8749}$
$AL$値[nH/N²]
エア・ギャップ長[mm]

**表15　PQ32/30を使用したチョーク・コイルの設計例**

| No. | 項　目 | 値 | 項　目 | 値 |
|---|---|---|---|---|
| 1 | コア | PC95PQ32/30 | インダクタンス［μH］ | 1900 |
| 2 | 実効断面積［mm²］ | 161 | 実効体積［mm³］ | 12000 |
| 3 | ボビン | BPQ32/30 | | |
| 4 | 巻き線断面積［mm²］ | 95.3 | 平均巻線長［mm］ | 67.1 |
| 5 | コア損失［W］ | 0.5 | | |
| 6 | 単位体積の損失［kW/m³］ | 41.7 | 磁束密度［mT］（図19のグラフから） | 83 |
| 7 | 巻き数［T］ | 86 | 巻き線長［m］ | 5.78 |
| 8 | 巻き線損失［W］ | 0.45 | 巻き線抵抗［Ω］ | 0.2 |
| 9 | 単位長さの抵抗［Ω/km］ | 34.6 | 電線径［mm］ | 0.85 |
| 10 | $AL$値［nH］ | 256 | 飽和AT | 190 |
| 11 | スペーサ・ギャップ［mm］ | 0.4 | 飽和電流［A］ | 2.2 |
| 12 | 表皮深さ［mm］ | 0.2089 | $\alpha$ | 1.017 |
| 13 | 表皮効果による抵抗増加率 | 1.31 | リプル電流換算による抵抗増加率 | 1.09 |
| 14 | 巻き線抵抗［Ω］ | 0.219 | 表皮効果を考慮した巻き線損失[W] | 0.49 |

**表16　PQ35/35を使用したチョーク・コイルの設計例**

| No. | 項　目 | 値 | 項　目 | 値 |
|---|---|---|---|---|
| 1 | コア | PC95PQ35/35 | インダクタンス［μH］ | 1900 |
| 2 | 実効断面積［mm²］ | 196 | 実効体積［mm³］ | 17300 |
| 3 | ボビン | BPQ35/35 | | |
| 4 | 巻き線断面積［mm²］ | 154.2 | 平均巻線長［mm］ | 75.2 |
| 5 | コア損失［W］ | 0.5 | | |
| 6 | 単位体積の損失［kW/m³］ | 28.9 | 磁束密度［mT］（図19のグラフから） | 73 |
| 7 | 巻き数［T］ | 80 | 巻き線長［m］ | 6.05 |
| 8 | 巻き線損失［W］ | 0.45 | 巻き線抵抗［Ω］ | 0.2 |
| 9 | 単位長さの抵抗［Ω/km］ | 33.1 | 電線径［mm］ | 0.85 |
| 10 | $AL$値［nH］ | 293 | 飽和AT | 200 |
| 11 | スペーサ・ギャップ［mm］ | 0.4 | 飽和電流［A］ | 2.5 |
| 12 | 表皮深さ［mm］ | 0.2089 | $\alpha$ | 1.017 |
| 13 | 表皮効果による抵抗増加率 | 1.31 | リプル電流換算による抵抗増加率 | 1.09 |
| 14 | 巻き線抵抗［Ω］ | 0.219 | 表皮効果を考慮した巻き線損失[W] | 0.49 |

**表17　PQ40/40を使用したチョーク・コイルの設計例**

| No. | 項　目 | 値 | 項　目 | 値 |
|---|---|---|---|---|
| 1 | コア | PC95PQ40/40 | インダクタンス［μH］ | 1900 |
| 2 | 実効断面積［mm2］ | 201 | 実効体積［mm³］ | 20500 |
| 3 | ボビン | BPQ40/40 | | |
| 4 | 巻き線断面積［mm²］ | 240 | 平均巻き線長［mm］ | 83.9 |
| 5 | コア損失［W］ | 0.5 | | |
| 6 | 単位体積の損失［kW/m³］ | 24.4 | 磁束密度［mT］（図19のグラフから） | 65 |
| 7 | 巻き数［T］ | 88 | 巻き線長［m］ | 7.39 |
| 8 | 巻き線損失［W］ | 0.45 | 巻き線抵抗［Ω］ | 0.2 |
| 9 | 単位長さの抵抗［Ω/km］ | 27.1 | 電線径［mm］ | 0.95 |
| 10 | $AL$値［nH］ | 245 | 飽和AT | 300 |
| 11 | スペーサ・ギャップ［mm］ | 0.55 | 飽和電流［A］ | 3.4 |
| 12 | 表皮深さ［mm］ | 0.2089 | $\alpha$ | 1.137 |
| 13 | 表皮効果による抵抗増加率 | 1.43 | リプル電流換算による抵抗増加率 | 1.13 |
| 14 | 巻き線抵抗［Ω］ | 0.226 | 表皮効果を考慮した巻き線損失[W] | 0.51 |

表18 最終的に決めたチョーク・コイルの巻き線仕様

| No. | 項　目 | 値 | 項　目 | 値 |
|---|---|---|---|---|
| 1 | コア | PC95PQ35/35 | インダクタンス［uH］ | 1900 |
| 2 | ボビン | BPQ35/35 | | |
| 3 | コア損失［W］ | 0.4 | 巻き数［T］ | 90 |
| 4 | 巻き線損失［W］ | 0.4 | | |
| 5 | 巻き線抵抗［Ω］ | 0.178 | 電線径［mm］ | 1 |
| 6 | $AL$ 値［nH］ | 232 | 飽和AT | 300 |
| 7 | スペーサ・ギャップ［mm］ | 0.6 | | |

$$\frac{R'}{R_0} = R_0 \left( 1 + \frac{R}{R_0} K_{IR} \right) \cdots\cdots\cdots\cdots\cdots (27)$$

この結果，巻き線抵抗損が増えますので，巻き線抵抗損をこの増加ぶんだけ下げて再計算すればよいでしょう．

● チョーク・コイルの設計例

ここからは設計法に従って，チョーク・コイルを設計してみます．前の項でも書きましたが，チョーク・コイルの損失を1Wとします．コアはPQ32/30，PQ35/35，PQ40/40についてそれぞれ設計を行い，比較して最適なコア材を選定します．以下に，それぞれ設計した例としてPQ32/30を表15に，PQ35/35を表16に，PQ40/40を表17に示します．ここでは，巻き線抵抗損を下げて表皮効果の影響を考慮しています．

これらの結果を見ると，PQ32/30はコア・サイズが小さいので採用したいところですが，飽和電流が小さいので大きなピーク電流を流すことができません．そこで，今回の設計ではPQ35/35を使用したチョーク・コイルにします．この場合の設計では，0.85φを80T巻きますが，図20を見るとまだ巻き線スペースに余裕があるので，太い線を多く巻くことにより，コア損失と巻き線損失をさらに減らすことが可能です．そこ

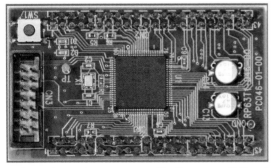

写真3　パワーアシストテクノロジー社のRX63T搭載マイコン基板

で，最終的に表18のように巻き線仕様を決定しました．

## 制御回路を設計する

ここからは制御回路を設計します．

● 全体は3回路構成にする

パワー回路は，図10に示したハーフブリッジ・リファレンス・ボードと，図18に示した低周波スイッチング回路を使用します．これにマイコンを使用した制御回路の3回路構成にします．マイコンは最新のルネサスのRX63Tを搭載したマイコン基板を使用します．マイコン基板は，写真3に示すパワーアシストテクノロジー社のRX63T搭載のマイコン基板です．

● マイコン基板との接続を考える

図10に示したハーフブリッジ・リファレンス・ボードのゲート信号は絶縁されていないので，マイコン基板のグラウンドをパワー回路のマイナス・ラインに接続します．その結果，高周波PWMは制御回路から出力して直接ハーフブリッジ・リファレンス・ボードに供給します．低周波スイッチング回路に使用しているトランジスタのリバース・リカバリ時間は450 nsあるので，デッド・タイムを設けて高周波側と同様に駆動ICに直接接続して駆動します．

マイコン基板への入力は，直流電圧と交流電圧と交流電流です．直流電圧のグラウンド・ラインとマイコンのグラウンド・ラインは共通なので，非絶縁で抵抗分圧によりマイコンのA-D変換回路に入力します．交流電圧と交流電流はそれぞれ絶縁して取り込みます．これをマイコンの12ビットA-D変換入力のAN000とAN001とAN002に入力します．

PWM出力は，高周波側がGPTタイマを使用したGPIOC0AとGPIOC0Bから出力します．低周波側も同様に，GPTタイマのGPIOC1AとGPIOC1Bから出力します．以上の内容の回路図を図23に示します．

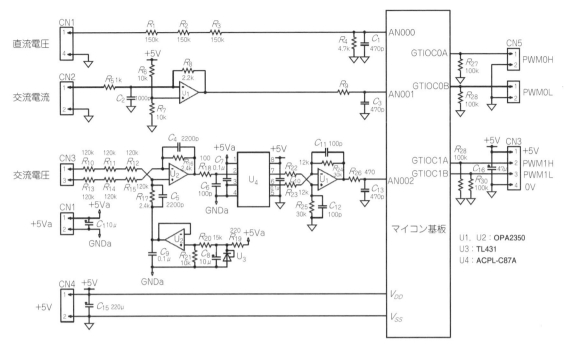

図23 DC-AC インバータ制御の回路図

## 動作実験

### ● 実験回路

　ハーフブリッジ・リファレンス・ボード, 低周波側

スイッチング回路, マイコン基板を搭載した制御回路を**写真4**に示します. ハーフブリッジ・リファレンス・ボードはチョーク・コイルを外し, スイッチング回路から直接チョーク・コイルに接続しています.

　補助電源は, 外部から高周波スイッチング回路の駆

写真4 DC-AC インバータ実験
回路の外観

特集 30MHz／10kWスイッチング！超高速GaNトランジスタの実力と応用

表19　変換効率の測定結果

| No. | 項　目 | 測定値 | 備　考 |
|---|---|---|---|
| 1 | 直流入力電圧［$V_{DC}$］ | 350.83 | 直流安定化電源 |
| 2 | 直流入力電流［$A_{DC}$］ | 0.862 | |
| 3 | 入力電力［W］ | 302.415 | |
| 4 | 交流出力電圧［$V_{AC}$］ | 199.54 | |
| 5 | 交流出力電流［$A_{AC}$］ | 1.501 | 抵抗負荷 |
| 6 | 出力電力［W］ | 299.51 | |
| 7 | 変換効率 | 99.04 | |

動ICに＋12V，マイコン回路に＋5Vを供給します．また，交流出力電圧検出用として＋5Vの電圧を供給します．それ以外に，低周波スイッチング回路に18Vの電源を2回路供給しています．

● 実験回路を動作させて99%の変換効率を達成

　それでは，実験回路を動作させてみます．

　300Wの交流出力に対して，ハーフブリッジ・リファレンス・ボードのトランジスタ，低周波スイッチング回路のトランジスタ，チョーク・コイルの温度上昇はほとんど見られません．これならば，変換効率99%が期待できそうです．

　その結果を**表19**に示します．測定結果から，変換効率は99.04%になり，目的を達成できました．そのときの交流出力電圧波形を**図24**に示します．波形歪率は0.7%となっていますが，ブリッジ・インバータの$Tr_3$と$Tr_4$は出力周波数でスイッチングしているため，波形の切り替わり目のゼロ・クロス近辺で若干波形の振動が見られます．

### まとめ

　今回の実験では，パワー回路の変換効率で目標とした99%を何とか達成することができました．その理由として，

(1)寄生容量が少なく高周波スイッチングしても損失の少ないGaNトランジスタを使用したこと

(2)ブリッジ・インバータのトランジスタ2個をスイッチング損失が発生しない，出力周波数のスイッチングにしたこと

(3)チョーク・コイルは損失の少ないフェライト・コ

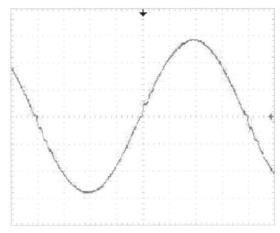

**図24　交流出力電圧波形**（縦：100V/div，横：2.5ms/div）
ブリッジ・インバータの片側が出力周波数でスイッチングしているため，ゼロ・クロス近辺で出力電圧波形に若干振動が発生している

アを採用して再設計したこと
などが考えられます．

　しかし，高周波スイッチングしても損失が少ないことは，逆に高周波ノイズを発生させる要因になります．今回の実験では問題視していませんが，製品レベルの設計ではノイズ対策を十分に行うことが必要になります．今回はゲート回路が制御回路とは非絶縁であったため，他の回路も非絶縁としましたが，スイッチング・ノイズが制御回路に伝搬しないように絶縁することも考える必要があると思われます．

　また，今回の実験では制御回路部分の消費電力は全体の損失に含めていません．それ以外に損失が見込まれる回路部品としては，ノイズ・フィルタ，系統との切り離しを行うリレー，ヒューズなどの安全回路部品などが考えられます．実際の装置では，制御回路などこれらの回路の消費電力も変換効率に含まれるので，思ったより効率が上がらないことになると思われます．制御回路の消費電力は出力容量にはあまり依存しないので，ある程度の出力容量になれば影響は無視できます．その意味では，今回の実験は一つの提案になったと考えられます．

# 第1章

小型・大電力・高効率の電源を目指して…

## スイッチング特性から見た SiC MOSFET と Si IGBT の比較

大嶽 浩隆
Hirotaka Otake

この章では，近年，新材料パワー・デバイスの一つとして注目され，すでに入手可能になっているワイド・バンドギャップ半導体パワー・デバイスのうち，SiC MOSFET（Silicon carbide Metal-Oxide-Semiconductor Field Effect Transistor；シリコン・カーバイド電界効果トランジスタ）について，その特性から見たメリットと使用上の注意点について解説します．

## SiC MOSFET の形状と静特性

### ● TO247パッケージの650 V，1200 V耐圧品がメイン

現在，ディスクリートのSiC MOSFETは，650 V耐圧品，1200 V耐圧品などが販売されており，Digi-keyなどで購入することが可能です．

写真1は，SiC MOSFET（型番：SCT2080KE，ローム）の外観です．パッケージは，品番によってTO-220やTO-247タイプなどがあります．熱抵抗低減のためにフルモールドではなく裏面露出タイプになっていることが多いので，放熱フィンに接続する場合は絶縁シートなどで絶縁措置を取ることが必要です．

### ● フィールド・ストップ構造のSi IGBTと比較する

SiC MOSFETと比較される従来製品にはSi（Silicon；シリコン）MOSFET と Si IGBT（Insulated Gate Bipolar Transistor；絶縁ゲート・バイポーラ・トランジスタ）が挙がります．ここでは，SiC MOSFETと同じく高耐圧/低オン抵抗が実現できており，1組のブリッジ回路で高電圧入力を受けることができるSi IGBTを対象にします．SiCはユニポーラ・デバイスであるMOSFETを高耐圧/低抵抗で作れるため，スイッチング特性にメリットが期待できます．

Si IGBTも，低オン抵抗でかつターンオフ時の電流を高速に減衰させる構造の一つとして，ドリフト層に注入されるホール密度を正確に制御できるフィールド・ストップ構造[1]のものが出ています．このタイプで耐圧1200 V，DC定格電流40 AのSi IGBT（型番：NGTB20N120IHRWG，オン・セミコンダクター）と，同等の性能をもつSiC MOSFET（SCT2080KE）を例に挙げて，実測定上でどのような差異が出るかを確認していきます．

表1は，両サンプルのデータシートから抽出した耐圧，定格直流電流，オン抵抗と，同条件下での寄生容量，寄生ゲート抵抗の実測値の一覧です．

写真1　SCT2080KE の外観（TO-247パッケージ）

表1[2], [3]　NGTB20N120IHRWG と SCT2080KE の耐圧，定格直流電流，オン抵抗のデータシート値と寄生容量，寄生ゲート抵抗実測値

| 項　目 | 条　件 | Si IGBT（フィールド・ストップ） | SiC MOSFET |
|---|---|---|---|
| 型番 | – | NGTB20N120IHRWG | SCT2080KE |
| 耐圧 | Si IGBT：$I_C = 250\,\mu A$ | 1200 V | 1200 V |
| | SiC MOSFET：$I_D = 1$ mA | | |
| 定格DC電流 | 25℃ | 40 A | 40 A |
| オン抵抗 | Si IGBT：$I_C = 20$ A，$V_{GE} = 15$ V，25℃ | 105 mΩ（typical） | 80 mΩ（typical） |
| | SiC MOSFET：$I_D = 10$ A，$V_{GS} = 18$ V，25℃ | | |
| 入力容量 | $f = 1$ MHz | 5340 pF | 1990 pF |
| 出力容量 | $V_{GS}(V_{GE}) = 0$ V | 25 pF | 84 pF |
| 帰還容量 | $V_{DS}(V_{CE}) = 800$ V | 17 pF | 21 pF |
| ゲート抵抗 | $f = 1$ MHz DS short | 2.2 Ω | 5.6 Ω |

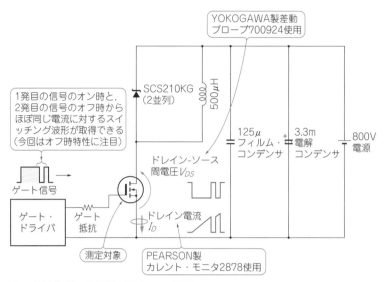

**図1 評価に用いた誘導負荷チョッパ回路**

**表2 スイッチング実験の条件**

| 項　目 | 条　件 |
|---|---|
| 回路構成 | 誘導負荷チョッパ回路 |
| ロー・サイド側スイッチング素子 | Si IGBT：NGTB20N120IHRWG |
| | SiC MOSFET：SCT2080KE |
| ハイ・サイド側環流用ダイオード素子 | SCS210KG（2並列） |
| 誘導負荷 | 500 μH |
| 電源電圧 | 800 V |
| 負荷電流 | 20 A |
| ゲート抵抗 | 1 Ω |
| ゲート電圧（オン／オフ） | Si IGBT：15 V/0 V |
| | SiC MOSFET：18 V/0 V |
| デバイス温度 | 25℃，80℃ |

## ハード・スイッチング時の特性評価

### ● 同じ評価回路での測定を実施

**図1**と**表2**は，二つのデバイスのハード・スイッチングに関する特性を比較するための誘導負荷チョッパの回路図と測定条件です．スイッチング特性はデータシート上にも記載されていますが，測定系だけでなく電圧や電流，ゲート抵抗，負荷など，複数の条件が異なることが多いので，同じ条件で比較したほうが差異が明確になります．

比較するスイッチング素子はハーフ・ブリッジのロー・サイドに配置し，ハイ・サイドには500μHの誘導負荷と並列になる形でSiC SBD（Schottky Barrier Diode；ショットキー・バリア・ダイオード）のSCS210KG（ローム）を2並列で接続しました．この回路で

ロー・サイドのスイッチング素子にゲート・パルス信号を入力し，その際のスイッチング素子のドレイン-ソース（コレクタ-エミッタ）間電圧とドレイン（コレクタ）電流を測定します．

### ● 電圧／電流波形の違いを比較すると

**図2**に，デバイス温度25℃と80℃の2条件で800 V・20 Aのパルス・スイッチング測定を行った際の，ターンオフ時の電圧／電流測定波形を示します．これらのグラフから以下の特徴があることがわかります．

【電圧波形】
(1) 25℃時の電圧波形の差異はさほど大きくない
(2) Si IGBTの電圧波形は25℃と80℃で大きく変化しているのに対して，SiC MOSFETの電圧は80℃でも波形がほとんど変化していない

【電流波形】
(1) Si IGBTは電流が0 Aになる直前にテールを引いており，80℃時は増加傾向にある
(2) SiC MOSFETの電流は80℃でも波形がほとんど変化していない

Si IGBTではドリフト層のホール密度が温度上昇によって増加する影響で，高温ほどドリフト層の空乏層が拡がりにくくなって電圧変化に時間が掛かり，テール電流も大きくなります．

一方で，ホールを利用していないSiC MOSFETでは温度依存のほとんどない寄生容量やゲート閾値（プラトー電圧），相互コンダクタンス，回路条件などで電圧，電流挙動が決まっているので，温度依存のない挙動となっていると考えられます．

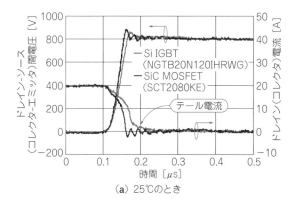

**(a) 25℃のとき**

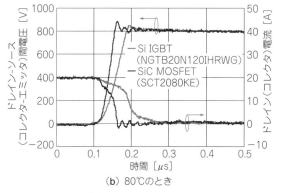

**(b) 80℃のとき**

**図2 スイッチング波形**

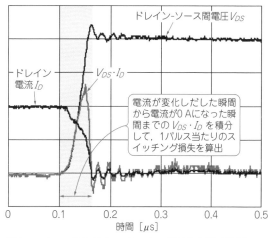

**図3 1パルス当たりのスイッチング損失を測定波形から算出する**

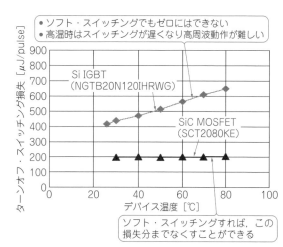

**図4 ターンオフ・スイッチング損失のデバイス温度依存**

● **ターンオフ・スイッチング損失の比較**

　図2のスイッチング波形を元に，電圧/電流が変化している領域のターンオフ時の1パルス当たりのスイッチング損失を算出します.

　損失量は，図3のようにドレイン-ソース間電圧$V_{DS}$が変化し始めた瞬間から，ドレイン電流$I_D$が0Aになった瞬間までの$V_{DS} \cdot I_D$の積分値から算出しました. この値はMOSFETチャネル部での発生損失量と出力容量に蓄積されたエネルギーの和になっていますが，ハード・スイッチングでは出力容量に蓄積されたエネルギーは次のターンオン時にすべてチャネル部で消費されるので，損失と定義して差し支えありません.

　この計算を各温度について実施し，スイッチング損失の温度依存を取ったグラフを図4に示します. Si IGBTが温度上昇に伴ってスイッチング損失が増加していくのに対して，SiC MOSFETは損失量が温度によってほとんど変化がなく，値自体も小さいという結果になりました.

　SiC MOSFETはワイド・バンドギャップ半導体を使用しており，高温時の熱暴走によるオフ状態の保持が可能なだけでなく，ユニポーラ・デバイスのため高温でもターンオフ・スイッチング損失が悪化しないという利点があることが確認できました.

## 特性と使用上の注意点

● **ゲート電圧の違い**

　Si IGBTのゲート電圧は推奨15Vですが，SiC MOSFETでは18Vや20Vが推奨されています. これは図5に示すように，ドレイン-ソース間のオン抵抗が15Vのゲート電圧でもまだ下がりきっていないためです.

　Si IGBTで推奨されているゲート電圧15Vのゲート・ドライブ回路でSiC MOSFETを駆動すると，オン抵抗はゲート電圧18Vと比較して20～30%増加し，導通損失が非常に大きくなってしまいます. そのため，ゲート電圧は18Vに設定して使用する必要があります.

　その一方で，SCT2080KEのゲート電圧の正側最大定格は22Vと低めで，負側もゲート閾値のマイナス・シフト防止のために−6Vとなっています. そのため，

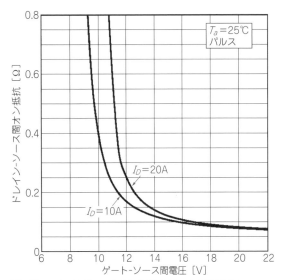

**図5[1]** SCT2080KEのオン抵抗のゲート電圧依存

ゲート電圧が大きく振動することを防ぐために適切なゲート抵抗やツェナー・ダイオードを挿入したり，ゲート駆動回路部を小ループで作ったりなどの対策が必要です．

### ● ターンオン・スイッチング損失

前項でターンオフ・スイッチング損失について取り上げました．ターンオン・スイッチングについては，オフ時のように少数キャリアの影響を受ける部分がありませんので，構造的にSi IGBTとSiC MOSFETでスイッチング損失に対する明確な優位差は出にくくなります．

SiC MOSFETを使用したら常にスイッチングに関わるどのような特性でも改善するというわけではないので，どのような回路を使用するかを考えたうえでデバイス選択をする必要があります．

## 動作させる回路方式

### ● ハード・スイッチングでも優位差は出たが…

本評価から，SiC MOSFETはハード・スイッチングではターンオフ時のスイッチング損失が小さいだけでなく，温度変化に強い高耐圧パワー・デバイスであることがわかりました．

この結果からでもSi IGBTより高周波駆動に向いていると言えますが，ハード・スイッチングを使ってスイッチング周波数をSi IGBTの数倍，十数倍に上げてパッシブ素子を小さくしようとすると結局大きなスイッチング損失が発生してしまい，損失の観点ではメリ

ットが薄れてしまいます．

また，システム全体での電力損失量のうち，スイッチング素子の損失の内訳が小さければ，この差が全体の優位差に影響しない場合もあります．

### ● SiC MOSFETでも高周波動作に対しては共振回路方式を取り入れたい

回路方式に選択肢がないようなアプリケーションは対応が難しいのですが，例えば絶縁DC-DCコンバータでは，スイッチング素子にMOSFETを使い，ターンオン/オフの両方に対してソフト・スイッチングを導入すれば，元から小さかったスイッチング損失をほぼゼロにまで低減させ，高周波動作による恩恵を最大限に発揮できます．

一方で，テール電流に起因するスイッチング損失はソフト・スイッチングでも消すことはできないので，IGBTを高周波で動作させると，スイッチング損失の発生による効率低下やヒートシンクの大型化を招きます．

この観点から，SiC MOSFETを使う場合の回路方式として，以下の3要素が含まれていれば，特に「小型・大電力・高効率」の電源ができると考えられます．
(1) 高電圧
(2) 高周波
(3) ソフト・スイッチング

絶縁型DC-DCコンバータを例にとって考えると，回路候補としては，フェーズシフト・フルブリッジ・コンバータや，LLCコンバータなどがあります．

前者に対しては，従来ではSi IGBTが使われることが多く，ここにSiC MOSFETを使用すれば駆動周波数の高周波化が可能となり，トランスの小型化や磁気飽和抑制から繋がる出力電力増加が期待できます．

後者に対しては，Si MOSFETが使われることが多く，ここにSiC MOSFETを使用すれば，入力電圧の増加による出力電力増加が期待できます．

次章では，より高い電力変換効率が望める後者の方式を基にした共振型絶縁DC-DCコンバータにSiC MOSFETを搭載した電源の開発例について紹介したいと思います．

◆ 引用文献 ◆

(1) T. Laska et al.："The field-stop IGBT(FS-IGBT)：a new power device concept with great improvement potential", IEEE International Symposium on Power Semiconductor Devices and ICs, 2000, pp.355-358.
(2) NGTB20N120IHRWGデータシート：オン セミコンダクター(株).
(3) SCT2080KEデータシート：ローム(株).

# 第2章

高周波動作で小型＆軽量

# SiC MOSFETを使った
# 5kW高効率LLCコンバータの試作

大嶽 浩隆／鶴谷 守
Hirotaka Otake/Mamoru Tsuruya

高耐圧SiC MOSFETとLLC共振を基にした回路を使って5kWの高効率の絶縁コンバータを試作しました．電流リプル低減のために導入した3相電流バランス回路，簡易的にデモするために活用できる出力を入力に返す機構と合わせて紹介します．

## LLC共振回路構成と動作

### ● LLCコンバータの回路構成

最初に，一般的なLLCコンバータコンバータを使って直列共振回路の回路構成と動作について確認しておきます．

図1は前章の最後に挙げたフェーズシフト・フルブリッジ・コンバータ(以下，PSFB；Phase-Shift Full Bridge)と，全波整流LLCコンバータ回路の基本回路です．LLCの名称は，共振部が二つのリアクトル(L；絶縁トランスの漏れインダクタンスと励磁インダクタンス)と一つの電流共振コンデンサ(C)から構成されていることに由来しており，駆動に二つの電流共振動作と一つの電圧共振動作が関与しています．

### ● PSFBコンバータとLLCコンバータの相違

この2種類の回路はともに，ターンオン時のZVS(Zero Volt Switching)とターンオフ時の部分電圧共振によるソフト・スイッチングが可能な方式ですが，両者には表1に示すような回路構成，動作，従来適用されている出力電力の差があります．

平滑回路については，PSFBコンバータでは平滑リアクトルが必要であるのに対し，LLCコンバータでは1次側に大きなトランスの漏れインダクタンスが接続されており，これが平滑用としても機能するためコンデンサだけを接続します．

これは単に，2次側平滑用素子が一つ不要という差に留まりません．PSFBコンバータでは2次側整流ダイオードのリカバリ時に1次側から供給される余剰エネルギーが負荷側に逃がせず，整流ダイオードに大きなサージ電圧が発生する問題が生じます．一方で，LLCコンバータでは整流ダイオードにサージが発生

表1　PSFBコンバータとLLCコンバータの特徴

| 項　目 | フェーズシフト・フルブリッジDC-DCコンバータ | LLC DC-DCコンバータ |
|---|---|---|
| スイッチング素子 | 4個 | 2個 |
| 出力電圧制御 | 位相制御 | 周波数制御 |
| 平滑回路 | 平滑リアクトル＋平滑コンデンサ | 平滑コンデンサ |
| 共振形式 | 電圧共振 | 電流・電圧共振 |
| 出力電力 | 大電力 | 小-中電力 |

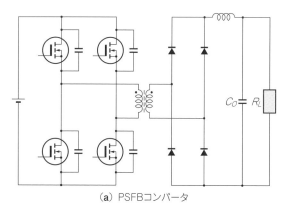

(a) PSFBコンバータ

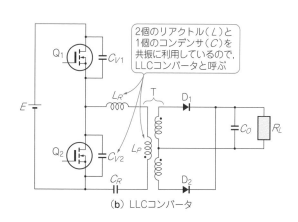

2個のリアクトル(L)と1個のコンデンサ(C)を共振に利用しているので，LLCコンバータと呼ぶ

(b) LLCコンバータ

図1　PSFBコンバータとLLCコンバータの基本回路構成

しないため必要耐圧と導通損失が低く抑えられ，特に高い電力変換効率と低いノイズ特性の実現が可能になっています．

● **LLCコンバータの回路動作**

LLCコンバータには次の三つの共振があります．

(1) トランスに漏れインダクタンス$L_R$，励磁インダクタンス$L_P$と電流共振コンデンサ$C_R$で形成される電流共振（周波数$f_S = 1/2\pi\sqrt{(L_R + L_P)C_R}$）

(2) $L_R$と$C_R$で形成される電流共振（周波数$f_O = 1/2\pi\sqrt{L_R C_R}$）

(3) $L_R$，$L_P$と電圧共振コンデンサ$CV_1$，$CV_2$で形成される電圧共振

図2はLLCコンバータのタイミング・チャートです．各記号は次に相当します．

$Q_j$：ハーフブリッジ部のスイッチング素子

$D_j$：2次側ダイオード素子

$V_{GS}(Q_j)$：スイッチング素子のゲート-ソース間電圧

$V_{DS}(Q_j)$：スイッチング素子のドレイン-ソース間電圧

$I(Q_j)$：スイッチング素子のドレイン電流

$I(D_j)$：2次側ダイオードの順方向電流

$V_{T2}$：トランス2次側の両端間電圧

（$j = 1$，2）

図2の動作モード1～8の各時点では，次のような動きをしています．

**動作モード1**：$Q_1$がオン状態でトランス1次側に共振電流が流れ，2次側も$D_1$がオンして共振電流が流れます．$Q_1$とトランス1次側には周波数$f_S$と$f_O$の複合共振電流が流れます．

**動作モード2**：動作モード1において出力電圧よりも2次側トランス電圧が小さくなり2次側共振電流が向きが変わろうとしたとき，整流ダイオードによってその流れが阻止されるため，トランス1次側には周波数$f_S$の電流だけが流れる形になります．

**動作モード3**：動作モード2において$Q_1$をオフすることで$V_{DS}(Q_1)$が部分電圧共振しながら増加します．$V_{DS}(Q_1)$が電源電圧まで増加すれば，$Q_2$のボディ・ダイオードが動作して還流電流が流れ始めます．

**動作モード4**：$I(Q_2)$が電流共振しながら増加する領域であり，電流の向きが変わる前に$Q_2$をオンすることでZVSができます．トランス2次側電圧が共振で変化して整流ダイオードがオンするまでこの期間が続きます．

**動作モード5**：$Q_2$がオン状態でトランス1次側に共振電流が流れ，2次側も$D_2$がオンして共振電流が流れます．$Q_2$とトランス1次側には周波数$f_S$と$f_O$の複合共振電流が流れます．

**動作モード6**：動作モード5において出力電圧よりも2次側トランス電圧が小さくなり2次側共振電流の向きが変わろうとしたとき，整流ダイオードによってその流れが阻止され，トランス1次側には周波数$f_S$の電流だけが流れる形になります．

**動作モード7**：動作モード6において$Q_2$をオフすることで$V_{DS}(Q_2)$が部分電圧共振しながら増加します．$V_{DS}(Q_2)$が電源電圧まで増加すれば，$Q_1$のボディ・ダイオードが動作して還流電流が流れ始めます．

**動作モード8**：$I(Q_1)$が電流共振しながら増加する領域であり，電流の向きが変わる前に$Q_1$をオンすることでZVSができます．トランス2次側電圧が共振で変化して整流ダイオードがオンするまでこの期間が続きます．この後動作モード1に戻って動作を繰り返します．

このように，ボディ・ダイオードの導通期間中を狙ってスイッチング素子をオンさせることで，ターンオン・スイッチング損失をほぼゼロにしており，ターンオフ時もトランスの1次側励磁インダクタンスとスイッチング素子の出力容量と並列コンデンサによって部分電圧共振が起こせるためソフト・スイッチが可能になります．

また，電圧共振コンデンサの容量を大きくすれば部

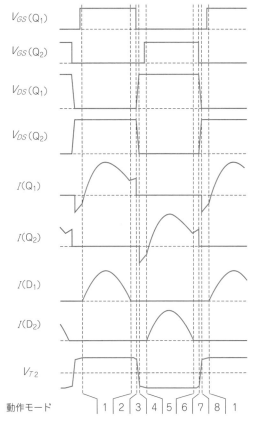

$V_{GS}(Q_1)$

$V_{GS}(Q_2)$

$V_{DS}(Q_1)$

$V_{DS}(Q_2)$

$I(Q_1)$

$I(Q_2)$

$I(D_1)$

$I(D_2)$

$V_{T2}$

動作モード　1 2 3 4 5 6 7 8 1

**図2　LLCコンバータのタイミング・チャート**

分電圧共振によるZVSが成立する時間帯を広く取ることができますが，一方でスイッチング素子のドレイン-ソース間電圧のスイッチング時間が延びることから，デッド・タイムを長く設定する必要があります．高周波駆動させる場合は並列コンデンサを付けずに動作させる必要があります．

### ● LLCコンバータのゲイン式

LLC共振回路の出力電圧は，基本波近似法と呼ばれる手法を用いることで，交流回路として考えた場合の出力電圧を近似的に求めることができます．

近似の考えかたと計算方法は「電源回路設計2009」に詳細なものがあり，導出されたゲイン$G$の式は次のようなものになります[1]．

$$G = \frac{2\,V_{out}}{N\,V_{in}}$$

$$= \frac{1}{\sqrt{\left(S - \dfrac{S}{F^2} + 1\right)^2 + \dfrac{1}{Q^2}\left(F - \dfrac{1}{F}\right)^2}}$$

$$S = \frac{L_R}{L_P},\quad F = \frac{f_{SW}}{f_O},\quad Q = \frac{8}{\pi^2}\frac{R_O}{Z_o},\quad Z_o = \sqrt{\frac{L_R}{C_R}}$$

$$f_S = 1/2\,\pi\,\sqrt{(L_R + L_P)C_R},\quad f_O = 1/2\,\pi\,\sqrt{L_R\,C_R}$$

$V_{in}$：入力電圧［V］
$V_{out}$：出力電圧［V］
$N$：トランス1次側と2次側の巻き数比
$L_R$：トランスの漏れインダクタンス［H］
$L_P$：トランスの励磁インダクタンス［H］
$R_O$：負荷抵抗［Ω］
$f_{SW}$：スイッチング素子の駆動周波数［Hz］
$C_R$：共振コンデンサ［F］

この式を元にして，ゲインと$f(= f_{SW}/f_O)$の関係図を描くと**図3**のようになります．

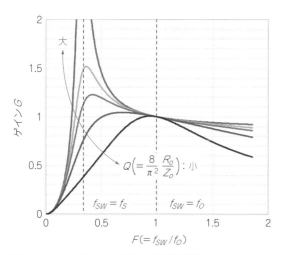

図3　LLCコンバータのゲイン-周波数特性

LLCコンバータでは$f_{SW} > f_O$の領域で降圧，$f_S < f_{SW} < f_O$の領域で昇圧となり，一般的には昇圧領域で使用します．$f_{SW} < f_S$の領域は電圧共振にならず，スイッチング素子のスイッチング損失が急激に増加しますので，この領域では使用しないのが一般的です．

また，負荷の値から決定する$Q$値によって$f_{SW} = f_S$周辺ではゲイン・カーブが変動しているのに対し，$f_{SW} = f_O$付近では$Q$値に関係なくゲインがほぼ一定であり，この周辺の周波数で動作させることで負荷の大きさに関わらず同じ電圧を出力することができるようになります．

このグラフは，各パラメータが変わったときのようにゲインが変わるかを考える際に非常に有用な指標として使うことができます．

## 高電圧/高周波でコンバータを大電力化するうえでの設計方針

LLCコンバータは高効率/低ノイズであるメリットがある反面，周波数制御であるため，Si IGBTを使うとトランスが大きくなってしまうことから適用が難しく，従来はSi MOSFETを使った小-中出力電力向け電源用がメインでした．

今回は，高耐圧のSiC MOSFETを使って，次のようなコンセプトの5kW出力まで可能な小型の電流共振型コンバータを試作しました（各項は**図4**の同記号と対応）．

**コンセプト①**：1200 V耐圧SiC MOSFET（SCT2080KE：ローム）を使うことで入力電圧を800 Vまで上げる
⇒ 入力電圧増加による大電力化を狙う

**コンセプト②**：SiC MOSFETの$f_{SW}$が150 kHz以上になるようにする
⇒ 1次側と2次側を絶縁させるトランス（以下，メイン・トランス）について，周波数向上でメイン・トランスの使用磁束密度を低減し，小型で安価なものが適用できるようにする

**コンセプト③**：1次側の電流共振用コンデンサは，ブリッジにして電源電圧ライン間に接続する
⇒ 入力コンデンサから供給する電流のリプルの周波数を$f_{SW}$の2倍にし，入力電流リプルを低減して小型低容量の入力コンデンサを適用する

**コンセプト④**：3相並列回路の位相をそれぞれ120°ずつずらして動作させ，2次側で合成させる形式にする
⇒ 出力電流リプルを低減し，小型低容量の出力コンデンサを適用する

**コンセプト⑤**：相間電流差異を低減させるバランス回路を挿入する．また，電流バランスに用いるトランス（以下，電流バランス用トランス）の漏れインダクタンスを使って，共振条件の微調整を行う

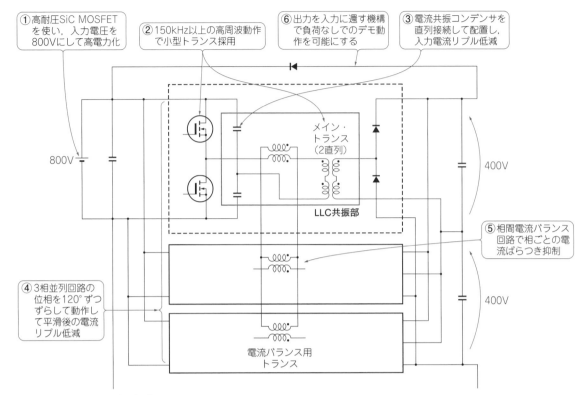

① 高耐圧SiC MOSFETを使い，入力電圧を800Vにして高電力化

② 150kHz以上の高周波動作で小型トランス採用

⑥ 出力を入力に還す機構で負荷なしでのデモ動作を可能にする

③ 電流共振コンデンサを直列接続して配置し，入力電流リプル低減

⑤ 相間電流バランス回路で相ごとの電流ばらつき抑制

④ 3相並列回路の位相を120°ずつずらして動作して平滑後の電流リプル低減

800V

400V

400V

メイン・トランス（2直列）

LLC共振部

電流バランス用トランス

**図4　3相LLC共振回路の概略図**

⇒　出力電流リプルを低減し，小型低容量の出力コンデンサを適用する．メイン・トランスの漏れインダクタンス設計難度を下げる

**コンセプト⑥**：出力電力を入力電力に還す機構を導入する

⇒　大きな負荷を用意せずに大電力コンバータのデモ動作試験を可能にする

　製作するコンバータの回路概略は**図4**のようになります．図の電流共振コンデンサの接続方法でも，メイン・トランスの漏れインダクタンスから見てブリッジ状のコンデンサは共に並列接続されているように見えるため，上下のコンデンサの容量合計値を元に共振周波数が決まります．

　また，今回は2次側出力を直列接続した2個の出力コンデンサに分けて入れる形を取ることで出力電圧を400 V×2 = 800 Vにしていますが，出力電圧の合成後の値を2 $V_{out}$（$V_{out}$ = 400 V）として扱うことで，前章のゲイン式をそのまま使用できます．

## 共振回路の設計

### ● 入出力電圧の設定

　入力電圧 $V_{in}$ は800 Vとし，出力電圧 $V_{out}$ は1段で400 V，2段直列で合計800 Vとします．入力電圧の800 Vは，AC 400 VをPFC回路で昇圧，平滑化したときに得られる電圧を想定しています．

### ● トランスの設計1：形状／コア材と巻き線ターン数

　LLCコンバータの設計手順はいくつかありますが，今回は入力電圧が大きくなることを鑑み，メイン・トランスの使用磁束密度の観点から考えます．一般的なコア材の飽和磁束密度はメーカのデータシートに記載されています（**表2**）．

　また，**図4**の回路では2直列のメイン・トランスの1次側に掛かる合計電圧は$V_{in}/2$であるため，デューティ比50 %動作時の使用磁束密度$B_m$は，次の式で表せます[3]．

**表2[2]　コア材の特性抜粋**

| 項　目 | 条件 | PE22 | PC40 | PE90 |
|---|---|---|---|---|
| 飽和磁束密度 [mT] | 100℃ | 410 | 380 | 430 |
| キュリー温度 [℃] | | 200以上 | 200以上 | 250以上 |
| コア・ロス [kW/m³] | 20 kHz, 200 mT (100℃) | 80 | 70 | 68 |
| | 100 kHz, 200 mT (100℃) | 520 | 420 | 400 |

$$B_m = \frac{(V_{in}/2) \times 10^7}{4 f_{SW} A_e N_P} = \frac{V_{in} \times 10^7}{8 f_{SW} A_e N_P} \ [\mathrm{mT}]$$

$V_{in}$：入力電圧［V］

$f_{SW}$：スイッチング素子の駆動周波数［Hz］

$A_e$：コア断面積［cm$^{-2}$］

$N_P$：1次側巻き線ターン数［turn］

使用磁束密度が飽和磁束密度に到達すると，磁気飽和が発生してインダクタンス値が激減し大電流が流れるため注意が必要で，今回は使用磁束密度が飽和磁束密度の半分前後の値になるようにします.

入力電圧が高くなっている場合，通常なら大型のトランスを使いますが，今回の試作ではメイン・トランスは小型/安価で入手可能なものとしてPC40EER28L-Z相当品（コア断面積$A_e = 0.821$ cm$^2$）を2個直列接続したものを用います. 2直列にすることで1トランス当たりに掛かる電圧値を半分にし，SiC MOSFETの$f_{SW}$が150 kHz以上になるようにすることで必要な巻き線ターン数を減らすようにします.

図5は，$f_{SW}$条件に対する1次側巻き線のターン数と使用磁束密度の関係の計算結果です. 150 kHz以上の$f_{SW}$にすることを前提に，使用磁束密度が飽和磁束密度の半分程度の値になり，EER28L-Z相当のボビンに1次側，2次側を両方とも巻くことのできる条件として，巻き線ターン数は以下の条件としました.

　　1次側巻き線：21 turn（リッツ線80/0.1φ）

　　2次側巻き線：20 turn（リッツ線80/0.1φ）

最終的に入出力電圧をほぼ同じ800 Vで出力させる際に，動作条件を$f_S < f_{SW} < f_O$として昇圧条件で安定に動作させるために，2次側巻き線のターン数を1 turn減らしました.

● トランスの設計2：漏れ/励磁インダクタンス

本試作では後述する電流バランス用トランスを導入します. この場合，$L_R$はメイン・トランスと電流バランス用トランスの漏れインダクタンスの総和で，$L_P$はメイン・トランスの励磁インダクタンスと漏れインダクタンス，および電流バランス用トランスの漏れインダクタンスの総和で，それぞれ決定します.

そのため，電流バランス用トランスの漏れインダクタンスを使って$L_R$値の微調整を行える環境になっています. このことから，メイン・トランスの漏れインダクタンスは実際に巻き線を巻いたときに出た値をそのまま使用します.

$S (= L_R/L_P)$は，効率と共振外れの影響を考慮して0.1～0.2程度が良いとされていますので，$S = 0.1$と仮定して，いくつかの$C_R$条件における$L_R$と共振周波数$f_S = 1/2\pi\sqrt{(L_R + L_P)C_R}$，$f_O = 1/2\pi\sqrt{L_R C_R}$の関係を描いたグラフを図6に示します. $C_R$はSiC MOSFETと同等の耐圧が必要になるため1250 V耐圧品のものを選択し，10 nFのフィルム・コンデンサを数個並列にして使用することを想定しています.

前述のとおり，$f_{SW}$は$f_O$でなく$f_S < f_{SW} < f_O$の領域になるようにしますので，グラフから20～40 nFの$C_R$に対しては10～30 μHの$L_R$があれば150 kHz前後の動作になります.

前項の設計を元に作製したメイン・トランスの漏れインダクタンスを測定したところ，一つ当たり約10 μH，2直列にして使用するため計20 μH程度の値となり，これだけで$L_R$値が十分に確保できました. そのため今回は，電流バランス用トランスの漏れインダクタンスはほとんど作り込まないようにしましたが，必要に応じて電流バランス用トランスを変更することで，制約の多いメイン・トランス以外の場所で$L_R$を調整できます.

メイン・トランスの$L_P$は90～100 μHになるようにフェライト・コアのエア・ギャップを削って$S$値の調整を行いました. 最終的なトランスの仕様は表3のようになりました.

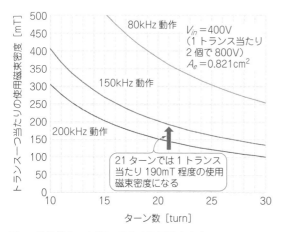

図5　巻き線ターン数に対する使用磁束密度

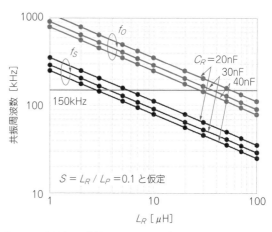

図6　$L_R$と共振周波数$f_O$，$f_S$の関係グラフ

表3 作製したトランスの特性

| トランス番号 | 対象 | 励磁インダクタンス [μH] | 漏れインダクタンス [μH] |
|---|---|---|---|
| メイン・トランス | U1 | 94.6 | 10.3 |
| | U2 | 93.3 | 9.1 |
| | V1 | 94 | 10.7 |
| | V2 | 94 | 10.5 |
| | W1 | 93.1 | 10.2 |
| | W2 | 95.4 | 10 |
| 電流バランス用トランス | U | 22.6 | 1.2 |
| | V | 22.2 | 1.2 |
| | W | 22.7 | 1.2 |

● 電流共振コンデンサ

電流共振コンデンサ$C_R$は，前項のとおり20～40 nFとし，実際に動作させた場合の$f_{SW}$を見て個数を調整しました．最終的には30 nFを採用しました．

● 電流バランス回路の挿入で3相間の電流を揃える

出力電力を増やすためにコンバータを並列接続させることがありますが，電流共振型コンバータを3相並列にして各位相を120°ずつずらして動かせば合成後のリプル電流を低減ことができ，より小さな容量の出力コンデンサを採用することができるようになります[4]．

しかし実際は，トランスのインダクタンス値，電流共振コンデンサの容量値などの回路定数にばらつきがあり，3相間で同じ波形の電流を流すことは困難です．各相に流れる電流量が違えば，局所的に高温になる部分ができてしまい，トランスが磁気飽和する，出力リプル電流が増加する，などの問題が生じます[5]．これを解決するために，相間電流のバランスを取るための回路を挿入しました（図4，図7）．

この回路は各相のメイン・トランスの1次側に別付けの電流バランス用トランスを直列接続し，その2次側同士を，3相間で並列接続した構成になっています．

これにより，電流バランス用トランスの2次側電流のベクトル和がゼロになるように励磁インダクタンスが起電するので，強制的に電流波形が同じになるように調整されます．

各相の電流が位相以外同じ波形だった場合には，励磁インダクタンスは起電せずインダクタンスも見えなくなるので，実質上はメイン・トランスの1次側に直列接続されるのは，基本的には電流バランス用トランスの漏れインダクタンスのみになります．

● 出力電力を入力に還す方式の導入で負荷を用意せず簡便なデモを可能に

DC-DCコンバータの出力電力が大きくなると相応の大規模な入力電源や負荷が必要になり，試験やデモとしての展示は容易ではなくなります．今回は簡便なデモを可能にするために，図8のような出力電力を入力に還す回路構成にしました[6]．

この構成では，本試作のLLCコンバータの入出力電圧は前段のAC-DCコンバータが保証し，LLCコンバータは定電流源として作用します．この形にするには出力電圧を入力電圧と同じにしなければなりませんが，出力部と入力部を還流用ダイオードで繋ぐことで負荷をなくして動作させることができます．

また，入力部に接続されたAC-DCコンバータからは，本試作のコンバータと還流用ダイオードで消費される損失ぶんだけ補充されるので，AC 100 Vからの電力供給だけで十分に動作できるだけでなく，消費電力からの電力変換効率見積もりがしやすくなります．

この回路で出力電力を変更する際は，制御回路における出力電流と比較する参照値を変更し，出力電流が参考値と等しくなるまで$f_{SW}$を変化させるようにします．出力電流が大きくなるとスイッチング素子やダイオードなど，回路各部の電圧降下が大きくなって出力電圧が低下しますので，そのぶんゲインを上げようと作用し，$f_{SW}$は低周波化します．

## SiC MOSFETを使った 5 kWコンバータの試作

● 概観と回路図

これまでの設計を元に試作した，5 kWまで出力可能なSiC MOSFET搭載の絶縁コンバータの外観は写

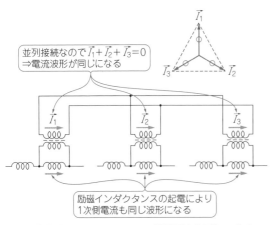

図7 電流バランス用トランスで相間電流を同じにする

並列接続なので$\vec{I_1}+\vec{I_2}+\vec{I_3}=0$
⇒電流波形が同じになる

$\vec{I_1}$ $\vec{I_2}$ $\vec{I_3}$

励磁インダクタンスの起電により1次側電流も同じ波形になる

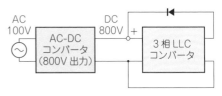

図8 出力電力を入力に還す回路構成で負荷をなくし，電力変換効率算出もより正確に

AC 100V
AC-DCコンバータ（800V出力）
DC 800V
3相LLCコンバータ

真1(分解した内部は**写真2**，**写真3**)，仕様は**表4**，回路は**図9**のようになります．電圧増加による大電力化を行ったためスイッチング素子の発熱は小さく，メインの発熱源がトランスになることから，共振回路を搭載したスイッチング・ブロックの基板をマザーボード部に縦に挿した上で，3相のトランスを一つのファン

で冷却できるようにしました．

入力用電解コンデンサは3相に分かれる前，出力用電解コンデンサは各相の電流整流＋合成後の位置に接続されるため，ともにマザーボード側に配置しています．サイズは180.3×120×125.3 mm（電力密度：1.8 W/cm$^3$），重量は1.55 kgと5 kW絶縁コンバータと

写真1
試作した5kW LLCコンバータの外観

写真2
スイッチング・ブロックの外観

してはかなり小型のものになりました.

● 動作試験

写真4は，AC 100 Vから800 Vを生成するPFC回路＋DC-DCコンバータを別途用意し，図8のように接続して動作させたときの様子です.

実際に動作させたときの波形として，5 kW（出力電圧 ～ 800 V，出力電流 ～ 6.25 A）出力動作時にSiC MOSFETのドレイン-ソース間電圧，ドレイン電流と，メイン・トランス2次側電流を測定した結果を図10，図11に示します.DC 800 Vの電圧が約160 kHzの周波数でスイッチングしていることが確認できました.また，共振周波数$f_O$はメイン・トランス2次側電流が流れている時間から約200 kHzになっていることが確認できました.

一方，各相の電流バランス・トランス2次側出力端をそれぞれ短絡させてバランス機能を停止させた場合は図12のような2次側電流波形となり，電流バランス機能が働くことによって各相の電流が均一化されていたことがわかります.

この電流が合流した点での電流リプルを図10，図11から算出すると，バランスなしのときに9.38 Aだ

表4　仕様一覧

| 項　目 | 値 |
|---|---|
| 出力電力 | 5 kW |
| 入出力電圧 | 800 V |
| 回路方式 | 3相LLC直列共振 |
| 使用した回路素子 | 1次側SW素子：SiC DMOS SCT2080KE |
| | 2次側整流素子 SiC SBD SCS210KG |
| SW周波数 | 約160 kHz |
| サイズ | $180.3 \times 120 \times 125.3$ mm$^3$ |
| 重量 | 1.55 kg |

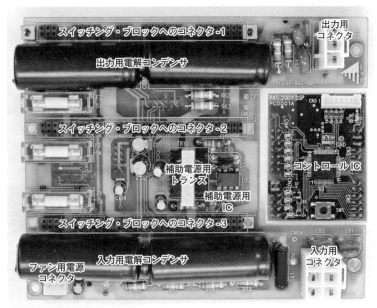

写真3
マザーボード，制御部の外観

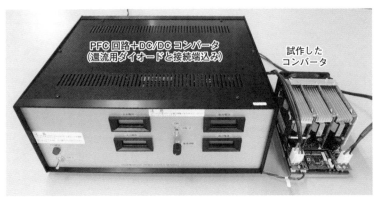

写真4
動作試験時の様子

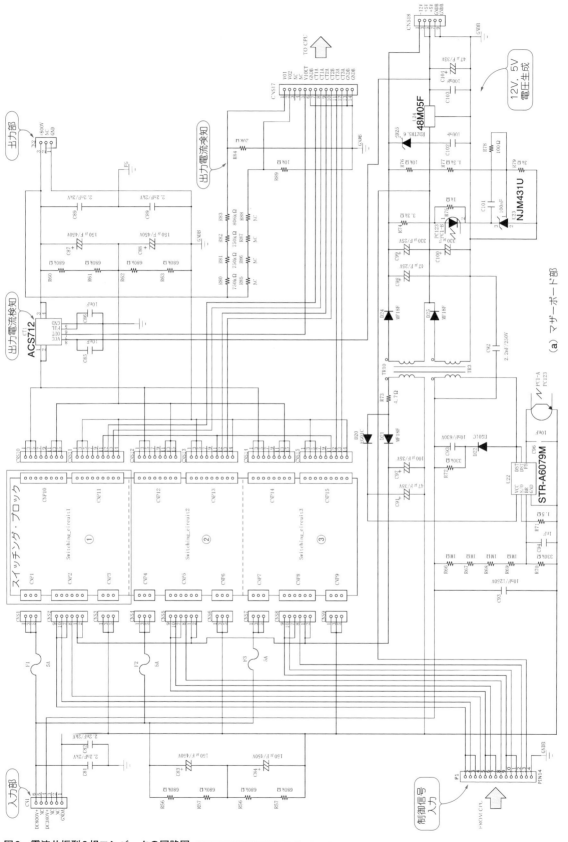

図9　電流共振型3相コンバータの回路図

SiC MOSFETを使った5kWコンバータの試作　83

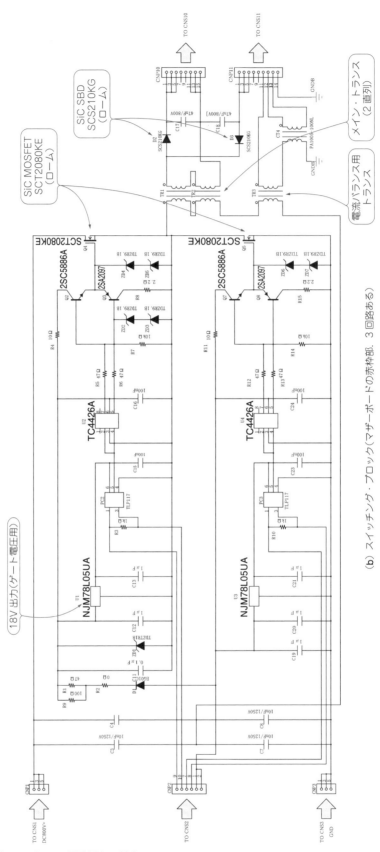

(b) スイッチング・ブロック（マザー・ボードの赤枠部．3回路ある）

**図9　電流共振型3相コンバータの回路図（つづき）**

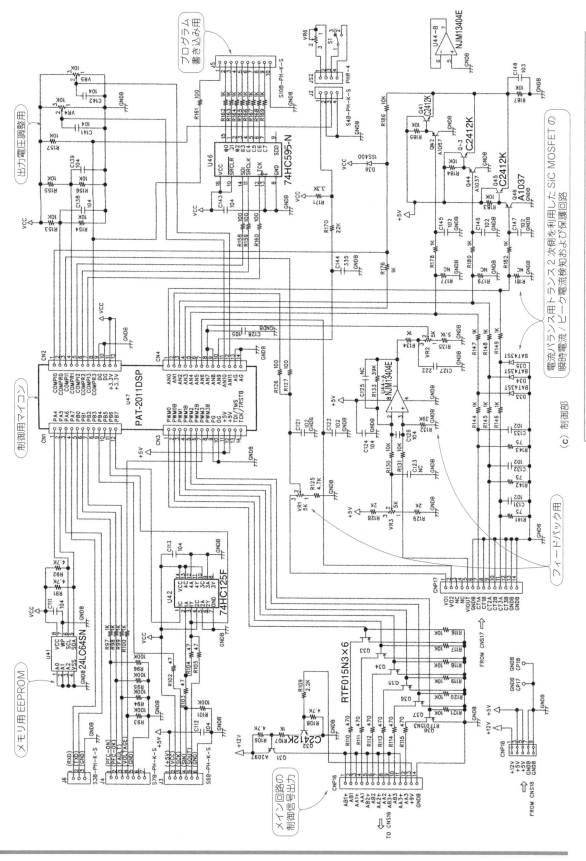

(c) 制御部

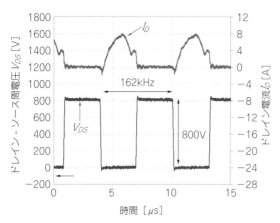

図10 ロー・サイド側SiC MOSFETのドレイン-ソース電圧，ドレイン電流波形

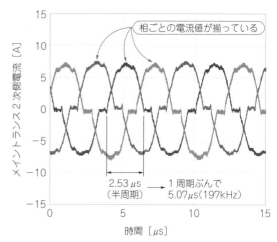

図11 各相のメイン・トランス2次側電流波形

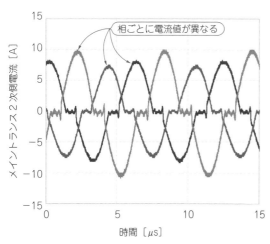

図12 電流バランス機能がないと相ごとの2次側電流が異なる

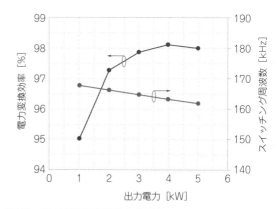

図13 電力変換効率は最大で98％

写真5 PC44PQ50-50Z-12（左）とPC40EER28L-Z相当品（右）はサイズが大きく異なる

ったのに対し，バランスありのときは3.96 Aとなりました．

1～5 kW範囲の電力変換効率（制御部の損失除く）

と，そのときの$f_{SW}$は図13のようになり，4 kW以上の出力電力で約98％の効率になりました．

● 従来回路との比較

Si IGBTを使って数kWクラスのPSFBコンバータを作る場合，スイッチング周波数は20 kHz以下程度で動作させることが多く，トランスは例えばPC44PQ50/50Z-12などの大型のものを使用することになります．

このトランスと今回使用したPC40EER28L-Z相当品では，一つ当たりのサイズ（写真5参照．体積は10倍以上の差）や価格が大きく異なるため，トランスを複数個使用して大電力コンバータを作るときほどその優位差が際立つことになり，電源トータルで考えた場合のコスト抑制に繋がります．

参考までに，1200 V耐圧のSi IGBTを用いて試作した800 V入出力電圧800 V，3.3 kWのPSFBコンバータと並べて撮影したようすを写真6に示します．PSFBコンバータのほうは評価ボードであり，出力電

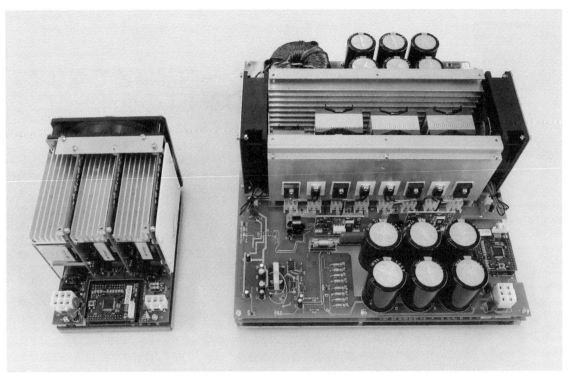

**写真6　SiC MOSFETを用いた5kW LLCコンバータ(左)とSi IGBTを用いた3.3kW PSFBコンバータ(右)**

力も異なるため電源サイズ自体の正確な比較にはなりませんが，使用しているトランスによってサイズが大きく制限され，SiC MOSFETの高周波駆動と小型トランスの活用によって非常にコンパクトかつ大電力の電源ができることが確認できました．

◆**参考・引用＊文献**◆

(1) 森田浩一；LLC共振コンバータの設計，電源回路設計2009，p191，CQ出版社．
(2) ＊ スイッチング電源用フェライトEコア EI/EE/EF/EER/ETDシリーズ データシート：TDK(株)．
(3) Design of Resonant Half-Bridge converter using IRS2795 (1, 2) Control IC, AN-1160, International Rectifier Co., Ltd.
(4) M. Kobayashi and M. Yamamoto, "Current Balance Performance Evaluations for Transformer-Linked Three Phase DC-DC LLC Resonant Converter," ICRERA.Nov.2012.
(5) General Descriptions of Aluminum Electrolytic Capacitors, Technical notes cat.8101E, Nichicon Co., Ltd.
(6) S. Inoue and H. Akagi, "A Bidirectional Isolated DC-DC Converter as a Core Circuit of the Next-Generation Medium-Voltage Power Conversion System," IEEE Trans. Power Electron., vol.22, no.2, Mar 2007.

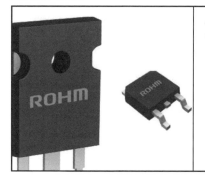

負荷変動をもつセットに対して
メリットが発揮できる

# HybridMOS ～内部構造で異なる新型MOSFETの性能～

中嶋 俊雄
Toshio Nakajima

## スイッチング・デバイスの内部構造の違いと動作原理

スイッチング・デバイスの代表的なものとしてIGBT, プレーナMOS, TrenchMOS, SJMOS (SuperJunction MOS), があります. 図1にこれらの内部構造を示します.

電力用のパワー・デバイスは一般的に, 大電流を効率良くデバイスに流せるよう, デバイス上部にソース (エミッタ), 下部にドレイン (コレクタ) 電極をとる縦型のデバイス構造をとります.

それぞれの動作原理を, この構造図と図2のグラフ($I$-$V$特性) を用いて説明します.

### ● IGBT

まずIGBTですが, 一般的なIGBTは裏面にP型領域を全面配置するため, コレクタ-エミッタ間にPN接合が存在します.

コレクタ-エミッタ間に電圧を加えていくと内蔵電位 (約0.6～0.9 V) を超えた付近から電流が立ち上がります. いったんオンすると, 伝導度変調効果でドリフト層内にキャリアが流れ込むため, 非常に小さなオン電圧を呈します. 高耐圧を出すため, 低濃度のドリフト層を用いても導通損失が小さいのは, この機能によるものです.

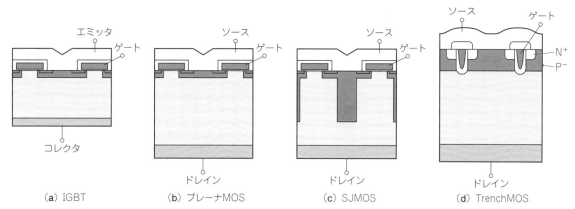

（a）IGBT　（b）プレーナMOS　（c）SJMOS　（d）TrenchMOS

図1　IGBT, プレーナMOS, TrenchMOS, SJMOSの内部構造

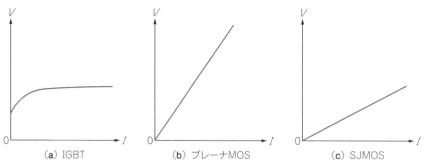

（a）IGBT　（b）プレーナMOS　（c）SJMOS

図2　それぞれのデバイスの$I$-$V$特性

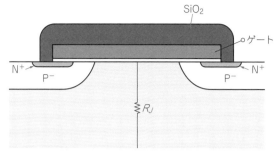

図3 $R_J$ の説明

表1(1) オン抵抗成分の内訳

| 項　目 | $V_{DS}$ = 30 V | $V_{DS}$ = 600 V |
|---|---|---|
| $R_{drift}$ | 36% | 97% |
| $R_{ch}$ | 28% | 1.5% |
| $R_{source}$ | 6% | 0.5% |
| $R_J$ | 23% | 1.0% |
| その他 | 7% | |

高耐圧系では基板の抵抗がトータルのオン抵抗に大きく寄与する．そのため，ゲート構造の変更によるオン抵抗の逓減率は積極的にとられていない

スイッチング性能は，ドリフト層に溜まったキャリアを掃き出す間にテール電流が生じてしまい，ユニポーラ・デバイスであるMOSFETよりも遅くなります．

● プレーナMOSとTrenchMOSの違い
▶ポイントはデバイス表層のゲート構造
　次にプレーナMOS，TrenchMOSについて説明します．
　プレーナMOSとTrenchMOSの差はデバイス表層のゲート構造の違いです．プレーナ・ゲート構造では図3に示すとおり，Pチャネル領域に挟まれた領域が存在し，この領域で電流制限（$R_J$；ジャンクション抵抗）が起こります．
　Trenchゲート構造では，構造上この$R_J$領域がありません．電流経路もデバイス下部から上部の経路だけなので，微細化にも適しています．
　しかしながら高耐圧MOSの場合，オン抵抗は，耐圧を保持するための低濃度なドリフト層抵抗（$R_{drift}$）で決まるため（表1に示すオン抵抗成分内訳のとおり），Trenchゲート構造による$R_J$低減効果がトータルのオン抵抗にさほど寄与しません．よって，高耐圧プレーナMOSでは，作製が容易なプレーナ・ゲート構造が

使用されます．

● プレーナMOSとSJMOSの違い
▶高耐圧，低オン抵抗実現に必要なデバイス構造
　次にプレーナMOSとSJMOSの違いについて説明します．繰り返しになりますが，高耐圧プレーナMOSは耐圧保持のため，低濃度なドリフト層を用います．このため，高耐圧化はオン抵抗の増大を招きます．
　一方，SJMOSは図4に示すとおり，等間隔に局所配列したP型の深い拡散領域（以下，Pコラム）が存在します．この機能により，ドリフト層の濃度を上げても耐圧を保持することができます．この効果で，SJMOSはプレーナMOSと比較して，同じ高耐圧でも低いオン抵抗が得られます．

● IGBTとSJMOSの違い
▶省エネ指数を上げるには低電流域に強いSJMOS
　次にIGBTとSJMOSの差について説明します．
　図5に示すように，IGBTはコレクタ-エミッタ間の内蔵電位を超えるまで（低電流域）は大きな導通損失が生じます．SJMOSはドレイン-ソース間に内蔵電位がないことで，低電流域もオン抵抗の傾きのみしか導通

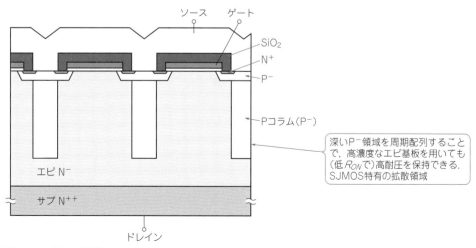

図4　Pコラムの説明

深いP⁻領域を周期配列することで，高濃度なエピ基板を用いても（低$R_{ON}$で）高耐圧を保持できる．SJMOS特有の拡散領域

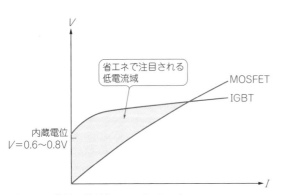

図5 *I-V*特性の比較（SJMOSとIGBT）

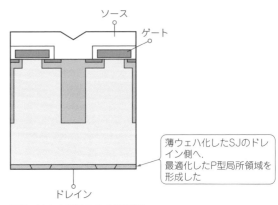

図6 HybridMOSの内部構造

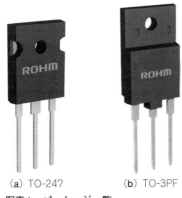

(a) TO-247 　　(b) TO-3PF

(c) TO-220FM 　　(d) TO-252

写真1 パッケージ一覧

損失がありません.

　逆に大電流域で比較すると, IGBTは伝導度変調効果で極めて低いオン電圧となりますが, SJMOSはオン抵抗の傾きで律速します. 厳密にいうと, 大電流域におけるSJMOSのオン抵抗は自己発熱により悪化します. 高温時, この大電流の挙動差は, 顕著に現れます.

　以上のことから, 省エネ指数を上げるため, 低電流性能に優れたSJMOSを使うと, 高温/大電流の定格負荷に耐えられず素子が熱暴走し, 破壊に至るといった問題が生じます.

　現在, 定格電力がある程度小さな省エネ機器に, SJMOSの普及が始まっていますが, SJMOSを使用した場合, 定格負荷に対するウィークポイントは依然として残ったままです.

● 新型トランジスタ "HybridMOS" とは
▶ SJMOSとIGBTの両方の特性をいいとこどり

　今回開発したHybridMOSは**図6**に示すとおり, SJMOSのデバイス裏面にP型領域を局所配置し, デバイス厚みをIGBT同様に薄くした構造です.

　HybridMOSの動作原理は, 低電流領域でSJMOSのオン抵抗性能を呈し, 一定電流を超えると局所配置したP領域からキャリアが流れ込み伝導度変調を起こすというものです. 変調時は, 耐圧保持のために設けているPコラムも正孔の通り道となります.

　キャリアの注入が起こる変調点は, 裏面の順方向電界により決まります. デバイス裏面のパターン設計や注入イオンの濃度設計により, この変調制御が可能となりました.

## HybridMOSの使いどころ

● 家電, 産機, 電源分野に最適

　先行してリリースしているHybridMOS「GNシリーズ」は, コンバータ向けのデバイスとして**写真1**に示すようなパワー・パッケージに搭載した商品をラインアップしています. 定常状態（常温/低電流）でSJMOSの性能を維持したまま, 高温/大電流性能を向上しているため, 負荷変動を持ったアプリケーションに本デバイスの適用効果は高いと考えます.

　負荷変動をもった代表的なアプリケーションはモータです. モータ市場, 特に省エネ白物家電ではACモータからDCモータへの切り替えが進んでおり, これ

## コラム　HybridMOS誕生の背景

### ● 省エネ社会を即す省エネ法「トップランナー基準」

近年，エネルギー問題や地球温暖化問題を踏まえ，省エネ化の必要性が加速しています．我が国では1998年に省エネ法が大幅に改正され，この法規制内に「トップランナー基準」が設けられました．

これは，あらゆる機器の省エネルギー基準を設定し，この基準値で新製品の省エネ比較を行い，メーカ間の省エネ技術を競わせることで省エネ社会を促すというものです．

### ● エアコンに導入された省エネ指数APF

家庭で使用する電力機器のなかで，最も消費電力が大きいと言われているエアコンを例に，この基準の効果を説明します．

これまでエアコンでは定格電力(最大負荷の電力)のみが製品特性の基準とされていました．ただ，実際に最大負荷でエアコンを使用し続けるということはありえません．実使用上は，ほぼ中間負荷での使用になります．

この実使用を踏まえたエアコンの評価指数として2006年のトップランナー基準にAPF(Annual Performance Factor)値という値が導入されました．

### ● 定常時の高効率化ニーズがきも

算出式を下記に示します．

$$\mathrm{APF}=\frac{\text{冷房期間＋暖房期間で発揮した能力[kWh]}}{\text{冷房期間＋暖房期間の消費電力量[kWh]}}$$

このような市場の動きは使用される電子デバイスにも影響を及ぼします．最大負荷ではコンプレッサやファンのモータ・トルクは最大となり，デバイスにも大電流が流れます．大電流で効率の良いデバイスはIGBT(Insulated Gate Bipolar Transistor)であり，これまでIGBT以外は使用されていませんでした．

しかしトップランナー基準のAPFは，その8割が中間負荷の性能で算出されます．中間負荷でデバイスに流れるのは1～4Aという低電流です．こういった「定格電力が大きな機器」が，低電流時の効率を求めるといった，これまでにない要求が生まれました．

変動する負荷に対応できるデバイス要求，HybridMOSの商品コンセプトは，こういった市場の省エネニーズから生まれました．

---

らに用いられるAC-DCコンバータが新たな需要として生まれています．

このコンバータに求められる性能は，①軽負荷性能，②小型化です．

まず，①の軽負荷性能について，これは省エネ法規制により定常状態の損失が重視されるためであり，デバイスには軽負荷時の性能が求められます．

次に，②の小型化について，セットの小型化に伴い基板の搭載エリアは縮小し，コンバータ基板も小型化が要求されます．例えば，掃除機において電源基板の小型化は進んでいますが，従来のSJMOSでは発熱の問題で300 Wクラス以上の電源に，従来以上の小型化は熱的に困難です．ここにHybridMOSを適用すれば，最大負荷時の発熱を抑え要求スペースへ基板を収納できる可能性があります．

もう一つの例として，エアコンの例を紹介します．エアコン室外機のコンプレッサ回路でも省エネ要求(軽負荷効率重視)から，パワー・デバイスにはIGBTではなくSJMOSが使用され始めています．しかしながら，最大出力が8 kW(23畳)以上のエアコンではSJMOSの性能に対して最大負荷が大きく，軽負荷効率と最大負荷の熱的要求を両立することが厳しくなっています．

この改善として，負荷変動に対処できるパワー・デバイス(HybridMOS)は有効だと考えます．また，国内外，産機モータの分野でも省エネに関する法規制は進んでおり，今後は家電分野だけでなく，あらゆる産機/電源に軽負荷性能に準じた規制が適用されると予想します．こういった産機/電源市場は民生向けよりもデバイスの使用環境が厳しく，HybridMOSの高温/大電流の付加機能がより一層生かせると考えています．

## HybridMOSと他デバイスとの性能比較

### ● 従来のMOSFETより優れた低オン抵抗性能

試作したデバイスの，温度条件を変えた出力特性を**図7**に示します．

通常のMOSFETは線形の$I$-$V$特性を示しますが，HybridMOSは変調点をもち，変調点以上の電流を流すとオン抵抗が低下します．さらに，高温時にはその効果が増します．高温時($T_a$＝125℃)に従来のMOSFETはオン抵抗が約2倍に増加し，大電流時には発熱⇒$R_{ON}$大⇒さらに発熱…といったサイクルで熱破壊に至ることが知られています．

HybridMOSの高温／大電流域における性能は変調機能によって向上しています．この特性は省エネ機器で求められる中間負荷（低電流）の効率アップ，重負荷

（高温／大電流）の熱破壊防止につながります．

● **IGBTより優れた並列動作性能**

また，HybridMOSの温度特性は**図8**のとおり，全電流領域で温度上昇⇒$R_{ON}$増加といった，MOSFETと同様の挙動を示します．

温度特性のクロス・ポイントをもつIGBTと異なり，すべての電流域で温度上昇に伴ってオン抵抗が上昇するため，MOSFETのメリットである並列使用の利便性も保持しています．

● **SJMOS同様の高速スイッチング性能**

次に，スイッチング特性についての挙動を説明します．**図9**のように，変調後の電流条件でもSJMOSのスイッチング波形と比較して，テール電流は見られませんでした．このことから，HybridMOSはSJMOS同様の高速スイッチング性能を有し，機器の高周波化（20 kHz以上）に対応できるデバイスと考えます．

これは，スイッチング周波数の高周波化による機器（受動部品）の小型化につながると考えています．

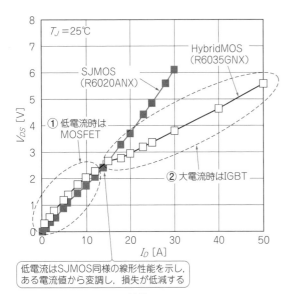

**図7** HybridMOSの*I–V*特性

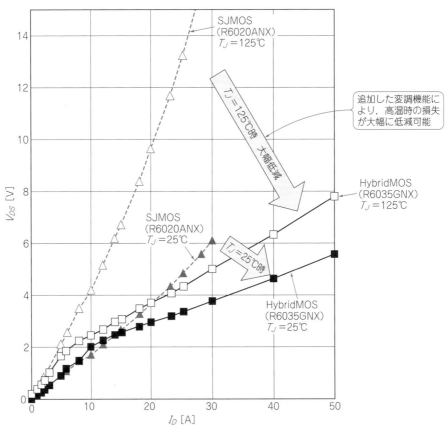

**図8** HybridMOSの*I–V*特性の温度比較

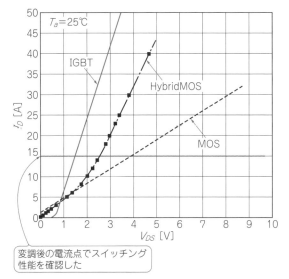

変調後の電流点でスイッチング
性能を確認した

図9　スイッチング波形比較

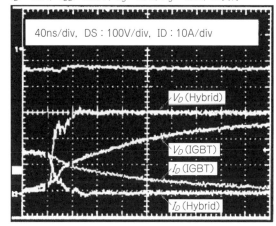

$I_D=15A$, $V_{DD}=300V$, $V_g=15V$, $R_g=10\Omega$, R負荷

40ns/div, DS : 100V/div, ID : 10A/div

$V_D$ (Hybrid)
$V_D$ (IGBT)
$I_D$ (IGBT)
$I_D$ (Hybrid)

## HybridMOSのメリットとデメリット

### ● メリットとデメリットは使いかた次第

　上述した各種スイッチング・デバイスに対する性能比較のとおり，HybridMOSは比較対象とするデバイスによってメリットとデメリットが異なります．

　SJMOSと比較した場合，高温/大電流環境下で導通損失が下がります．これにより，負荷の大きいアプリケーションに，省エネ(低電流性能の良い)デバイスの適用が可能となります．

　IGBTと比較した場合のメリットですが，まず低電流域の導通損失が下がるため，省エネ機器で注視される中間負荷の効率があがります．加えて，テール電流の差でスイッチング損失が少なくなるため，高周波対応が可能となり，機器(受動部品)の小型化に貢献でき

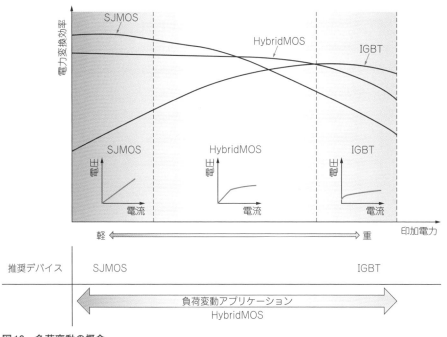

図10　負荷変動の概念

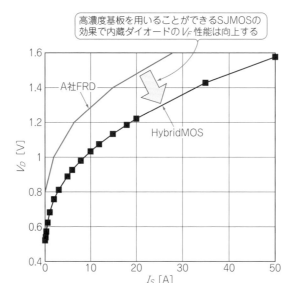

高濃度基板を用いることができるSJMOSの
効果で内蔵ダイオードの$V_F$性能は向上する

図11　FRDとHybridMOSの$V_F$の差（$T_a = 25℃$）

ます．温度特性にクロス・ポイントがないため，並列使用も容易です．

デメリットは，IGBTと比較して変調効果が小さい点です．高温／大電流領域のみの導通損失比較ではIGBTに劣ります．

**図10**の概念図に示すように，HybridMOSは「負荷変動をもつセットに対してメリットが発揮できるデバイス」と考えています．

## HybridMOSの今後の展開

### ● 新シリーズはモータ・インバータ分野向け

モータ・インバータ分野に向けてはライフタイム制御を行い，内蔵ダイオードの逆回復性能を改善した新シリーズを現在開発中です．

本シリーズをモータ向けに使用する際は，上述した低電流性能や大電流性能以外に，FRDと比較して内部ダイオードの$V_F$が低くなるというメリットも生かせます（**図11**）．また，FRDとIGBTの1チップ化が可能ですので，部品（チップ）点数削減にも貢献できます．

現在は用途が限られるかもしれませんが，パワー・デバイスの選択肢として，省エネニーズを考慮して開発した，この新型MOSFETが世の中に浸透していくよう，今後はアプリ面でのユーザ・サポートや供給面の拡充を図っていく予定です．

◆ 引用文献 ◆

(1) PCIM '98, Power Conversion, May 1998, p.159.

初出：「トランジスタ技術」2009年7月号

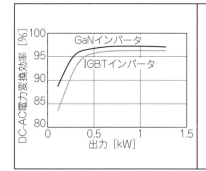

# オン抵抗の理論値がSiの1/1000と小さい次世代パワー半導体GaN

# 試作GaN FETの性能評価と課題

伊東 洋一
Yoichi Ito

電力機器の効率を向上させるため，機器内部で発生する損失を低減させる回路や制御法が研究開発されていますが，パワー半導体そのものの低損失化が効果的であると言われています．そのため，パワー半導体の飛躍的な低損失化，高性能化のため，GaNやSiCといった新しい材料を用いたパワー半導体の研究開発が進んでいます．本稿では，GaNを用いたパワー半導体の技術動向を説明します．

## なぜGaNなのか

現在，製品の電源部に使われている代表的なパワー半導体はMOSFETやIGBTです．これらはSi（シリコン）材料で作られており，耐圧やオン抵抗などの特性はSi材料の物性で決まる理論的性能限界に近づきつつあります．今後，大幅な性能向上は望めません．

GaNやSiCは，Siよりも理論限界性能が大幅に高い材料で，実用化に向けて研究開発が進んでいます．SiC素子は1kV以上の電圧範囲，GaN（GaN on Si素子の場合．詳細は後述）素子は1kV以下の電圧範囲を得意とします．SiC素子がサイリスタ，IGBT，MOSFETがGaN素子に置き換えられるかもしれません．これらは開発リスクが高いため，先進各国，公的機関から多額の資金援助がされています．

### ● パワー半導体を作る材料の条件

パワー半導体の材料の第一条件は，絶縁破壊電界強度が大きいことです．この値が大きいほど材料の絶縁が破れる電圧が高くなります．材料はいろいろありますが，数インチの半導体ウェハに結晶成長できるものが好ましいです．中期的に見てGaNとSiCの結晶成長技術が有望です．

**表1 半導体材料の物性レベルでの比較**
バリガー性能指数はIGBTを発明したバリガー博士が作ったパワー半導体の性能を表す指標．物性レベルではダイヤモンドは別格としてもSiCよりGaNのほうが性能が良い

| 項　目 | 単　位 | Si | ダイヤモンド | 4H-SiC | GaN |
|---|---|---|---|---|---|
| バンドギャップ | eV | 1.1 | 5.47 | 3.26 | 3.39 |
| 比誘電率 $\varepsilon$ | － | 11.8 | 5.5 | 9.6 | 9.5 |
| 電子移動度 $\mu$ | cm$^2$/Vs | 1500 | 2200 | 1140 | 1500 |
| 電子飽和速度 | cm/s | $1 \times 10^7$ | $2.7 \times 10^7$ | $2 \times 10^7$ | $2.7 \times 10^7$ |
| 絶縁破壊電界強度 $E_c$ | MV/cm | 0.3 | 10 | 3 | 3.3 |
| バリガー性能指数 | $\varepsilon \mu E_c{}^3$ | 1 | 27000 | 620 | 1200 |

1990年代，結晶を作る技術が発達し，現在，これらの結晶を作れるようになった

ダイヤモンドの結晶を作る技術がないので，近い将来のパワー半導体開発は困難

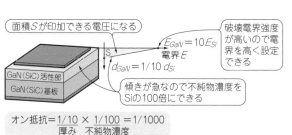

面積Sが印加できる電圧になる

破壊電界強度が高いので電界を高く設定できる
$E_{GaN} = 10E_{Si}$
電界E

$d_{GaN} = 1/10 \, d_{Si}$

GaN(SiC)活性部
GaN(SiC)基板

傾きが急なので不純物濃度をSiの100倍にできる

オン抵抗＝1/10 × 1/100 ＝1/1000
　　　　　厚み　　不純物濃度

**(a) GaNデバイス**

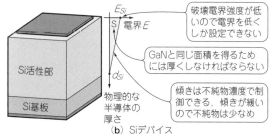

$E_{Si}$
S　電界E

破壊電界強度が低いので電界を低くしか設定できない

GaNと同じ面積を得るためには厚くしなければならない

$d_{Si}$

Si活性部

Si基板

物理的な半導体の厚み

傾きは不純物濃度で制御できる．傾きが緩いので不純物は少なめ

**(b) Siデバイス**

**図1 デバイスの構造と電界分布図**

表2 実験によるパワー半導体の特性の比較
スイッチング時間($T_{on}/T_{off}$)は仕様書での$T_{rise}/T_{fall}$. 仕様書の$T_{on}$, $T_{off}$は$T_{rise}$, $T_{fall}$にディレイ時間を加えた
もの. また, ゲート容量$C_{iss}＝C_{gs}＋C_{gd}$である

| 素 子 | 定格電圧 | 定格電流 | $R_{on}$または$V_{sat}$ | スイッチング時間($T_{on}/T_{off}$) | ゲート容量$C_{iss}$ |
|---|---|---|---|---|---|
| GaN FET | | 10 A | 0.08 Ω | 19 ns/14 ns | 350 pF |
| Si MOSFET | 600 V | 20 A | 0.33 Ω | 29 ns/26 ns | 2200 pF |
| Si IGBT | | 15 A | 2.1 V | 60 ns/130 ns | 680 pF |

表1にSi材料とGaN, SiC, ダイヤモンド材料の物性
レベルでの性能比較を示します. 半導体の良さを表す
指標としてバリガー性能指数があります. Siを1とす
ると, SiCは約600, GaNは約1200, ダイヤモンドは
約30,000倍の性能を理論上出せることになります.

GaNの絶縁破壊電界強度はSiの約10倍なので,
GaNはSiよりもオン抵抗を低くできます. Siと同じ
印加電圧をGaNで得るための厚みは, 図1に示すよう
に1/10です. 単純に薄くなった分だけオン抵抗が下
がるので, GaNのオン抵抗はSiの1/10にできます.
さらに, 不純物濃度, すなわち半導体の性能や特性を
出すために混ぜる材料の割合は, Siの100倍にできま
す. この濃度により電界の傾きを制御できます. GaN
は薄いため, 電界の傾きが大きく, 結果として不純物
の濃度を上げられます.

以上より, 理論的にはSiのオン抵抗に対してGaN
のオン抵抗は, 1/10×1/100＝1/1000にできます.

## GaN FETと従来のSiデバイスの比較

### ● パワー半導体の性能を表す主な特性の確認
▶スイッチング速度(オン時間$T_{on}$, オフ時間$T_{off}$)
　両方も0sが理想です. IGBTで数百nsです. スイ
ッチがONからOFF, OFFからONする期間に発生す
る損失(スイッチング損失)量は, スイッチに加わる電
圧と電流の積算値です.
▶オン時の抵抗$R_{on}$, 飽和電圧$V_{sat}$, 順方向電圧降下$V_f$
　$R_{on}$, $V_{sat}$ともに0Ω, 0Vが理想です. MOSFETで
数百mΩ, IGBTで2V前後あります. ダイオードで
は順方向電圧降下$V_f$が0Vが理想です. オン時に発生
する損失(導通損失)量は, これらと電流との積です.
▶オフ時の漏れ電流
　0Aが理想です. 実際は数$\mu$Aあります.
▶ゲート容量$C_{iss}$
　小さいほどゲート駆動の電力が少なくて済み, 速く
電荷をチャージできます.

### ● 素子単体の特性
　表2に示す3種類の素子について比較しました.
▶比較に使ったGaN FET素子の動作と構成
　試作サンプルのGaN FET素子(市販はされていな

い)は, ノーマリ・オフ型と呼ばれるもので, 何もし
ない状態ではOFF(ソース-ドレイン間の抵抗が高い),
ゲート-ソース間に電圧を印加するとON(ソース-ド
レイン間の抵抗が低い)となります.

　インバータなどにおける負荷は誘導性のものが多い
ので, 一般的にIGBTと逆並列に高速ダイオードが接
続され, 一つのパッケージに内蔵されています. 逆方
向に電圧が印加されたときに, このダイオードがON
してIGBTを保護するのです. GaN FETにおいては,
順方向電圧降下$V_f$が低いGaN SBD(ショットキー・
バリア・ダイオード)を並列に接続しています.
▶$I$-$V$特性の比較($V_{sat}$, $V_f$, $R_{on}$の比較)
　図2に, 素子に印加した電圧に対する電流を計測し
た特性($I$-$V$特性)を示します. グラフ右上は, 素子が
ONしたときの特性を示します.
　GaN FETはゲート電圧＋2.5V程度でオン状態とな
ります. Si MOSFET, Si IGBTはそれぞれ, ＋7V,
＋12Vでオン状態となります.
　理想スイッチのオン状態では, 電圧に関係なく電流
が流れます. 実際はオン抵抗があるので, $I$-$V$特性は
傾きを持ちます. 傾きが急峻なほど良いスイッチとい
えます.
　Si MOSFETよりもGaN FETの方が, グラフの傾
きが大きいので, 低いオン抵抗で電圧降下が少ないと
いえます.
　Si IGBTと比べて, 傾きはあまり変わりませんが,
Si IGBTは約2.0V以上の電圧が印加されないと電流
が流れることができず損失の原因となります. この電
圧は順方向電圧降下$V_f$と呼ばれます. GaN FETでは,
このような特性はありません.
▶ダイオードの順方向電圧降下とリカバリ電流
　素子がOFFしたときの特性, つまり逆並列に接続
したダイオードのオン特性(グラフ左下)について,
GaN FETは内蔵SBDの$V_f$以上の電圧降下は発生しま
せん. さらに$V_f$付近の領域で, GaN FETをオン状態
にするとSBDと並列に電流を流すことができ, SBD
の$V_f$の影響を低減できます. SiのMOSFETと同様の
特性で, いわゆる同期整流の動作が可能です.
　図3に示すようにGaN SBDの方がSi 内蔵ダイオー
ドでよりリカバリ電流が小さいことがわかります. ダ
イオードのリカバリ電流は, ダイオードがOFFする

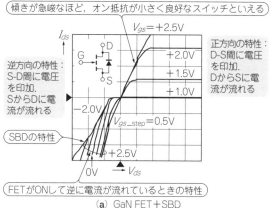

（a）GaN FET＋SBD

傾きが急峻なほど，オン抵抗が小さく良好なスイッチといえる

$V_{gs}$＝＋2.5V

＋2.0V
＋1.5V
＋1.0V

正方向の特性：D-S間に電圧を印加．DからSに電流が流れる

逆方向の特性：S-D間に電圧を印加．SからDに電流が流れる

－2.0V

$V_{gs\_step}$＝0.5V

SBDの特性

＋2.5V

0V $V_{ds}$

$I_{ds}$

FETがONして逆に電流が流れているときの特性

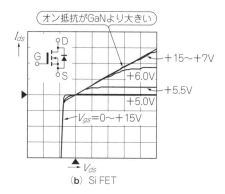

（b）Si FET

オン抵抗がGaNより大きい

＋15～＋7V
＋6.0V
＋5.5V
＋5.0V

$V_{gs}$＝0～＋15V

$V_{ds}$

$I_{ds}$

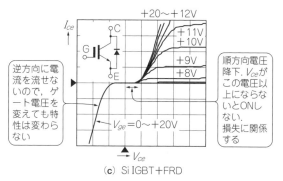

（c）Si IGBT＋FRD

＋20～＋12V
＋11V
＋10V
＋9V
＋8V

逆方向に電流を流せないので，ゲート電圧を変えても特性は変わらない

順方向電圧降下．$V_{ce}$がこの電圧以上にならないとONしない．損失に関係する

$V_{ge}$＝0～＋20V

$V_{ce}$

$I_{ce}$

**図2　$I$-$V$特性の比較**（5 A/div，1 V/div）
D：ドレイン，S：ソース，G：ゲート，$V_{ds}$：ドレイン-ソース間電圧，$I_{ds}$：ドレイン-ソース間電流，$V_{gs}$：ゲート電圧

ときに一瞬，電流が逆方向に流れる現象です．この電流が大きいと素子にサージが発生し，損失の増加や素子の耐圧を超え破壊を招きます．また，電源機器においては，ノイズの原因になります．

比較に用いたSiの内蔵ダイオードはGaN SBDよりも低い$V_f$ですが，大きなリカバリ電流が流れています．GaN SBDのリカバリ電流が小さい理由は，Si素子に比べて少数キャリア蓄積効果がないためです．本特性はインバータ回路で極めて好ましいものです．

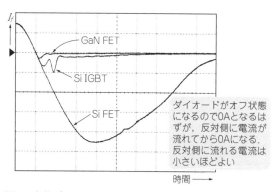

$I_f$

GaN FET

Si IGBT

Si FET

ダイオードがオフ状態になるので0Aとなるはずが，反対側に電流が流れてから0Aになる．反対側に流れる電流は小さいほどよい

時間

**図3　内蔵ダイオードのリカバリ電流**（5 A/div，50 ns/div）
実験条件：ダイオードON時の電流7 A，OFF時の電圧350 V，電流が7 Aから0 Aになる傾き200 A/$\mu$s

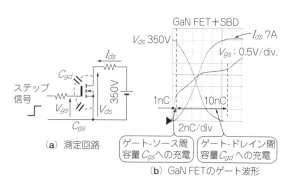

（a）測定回路

ステップ信号

$C_{gd}$
$C_{gs}$
$I_{ds}$
$V_{gs}$
$V_{ds}$
350V

GaN FET＋SBD

$V_{ds}$ 350V
$I_{ds}$ 7A
$V_{gs}$：0.5V/div.

1nC
10nC
2nC/div

ゲート-ソース間容量$C_{gs}$への充電

ゲート-ドレイン間容量$C_{gd}$への充電

（b）GaN FETのゲート波形

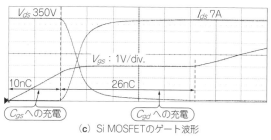

$V_{ds}$ 350V
$I_{ds}$ 7A
$V_{gs}$：1V/div.

10nC
26nC

$C_{gs}$への充電

$C_{gd}$への充電

（c）Si MOSFETのゲート波形

**図4　ゲート容量の測定**
波形を見ただけでもGaN FETのゲート電荷が小さいことがわかる

**表3　性能指標での比較**

オン抵抗 × ゲート-ドレイン間電荷量 ＝ 性能指標

| 項目 | $R_{on}$ [Ω] | $Q_{gs}$ [nC] | $Q_{gd}$ [nC] | $R_{on}Q_{gd}$ [ΩnC] |
|---|---|---|---|---|
| GaN FET | 0.08 | 1 | 10 | 0.8 |
| Si MOSFET | 0.33 | 10 | 26 | 8.6 |

▶ゲート電荷量の比較

$Q_{gd}$はスイッチング速度の指標として使われます．図4に測定回路と各素子のゲート電圧波形を示します．この波形から算出したゲート電荷量を表3に示します．GaN FETのゲート電荷量は，Si MOSFETの半分以下で，特に$Q_{gs}$は1 nCと極めて小さいことがわかりま

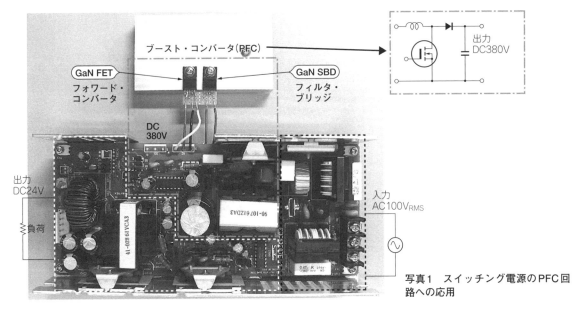

写真1 スイッチング電源のPFC回路への応用

表4 従来のPFC回路の素子とGaNの定格

| | | |
|---|---|---|
| スイッチング素子 | 600 V，0.29 Ω ×2パラ<br>TO-3P | 試作GaN FET<br>600 V 65 mΩ<br>TO-220 |
| ダイオード | 600 V，10 A<br>TO-220 | 試作　GaN SBD<br>600 V，$V_f = 1.7$ V($I_f = 5$ A)<br>TO-220 |
| 外観写真 | | |

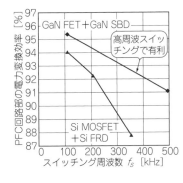

図6　GaN FET を PFC に応用した場合のスイッチング電源の効率特性
いずれもスナバ回路はなし

す．Si MOSFETと同じ$R_{on}$であれば，GaNのチップ・サイズは小さくなるので，寄生する静電容量も小さくなるためです．スイッチング特性は，次節にてPFC回路での実機動作で比較します．

パワー半導体の損失に対する性能指標として$R_{on}$と$Q_{gd}$の積，$R_{on}Q_{gd}$が一般的に用いられます．算出結果より，GaN FETの$R_{on}$と$Q_{gd}$の積はSi MOSFETの約1/10であることがわかります．これより，試作GaN FETの性能はSi MOSFETに対して10倍良いといえます．

## 試作GaN FETの評価実験

GaN FETを実際のアプリケーションに適用した場合の特性について説明します．

### ● スイッチング電源

写真1に示すようにPFC回路（交流入力部分の力率改善回路）のスイッチング素子をGaN FETに置き換えました．

この電源の仕様はAC100 V$_{RMS}$ 入力，DC24 V出力です．PFC回路出力電圧はDC380 Vです．

表4に実装されていたSi MOSFET素子とダイオードとGaN FETの定格と外観を示します．GaN FETとGaN SBDを使用することで，オン抵抗，電圧降下

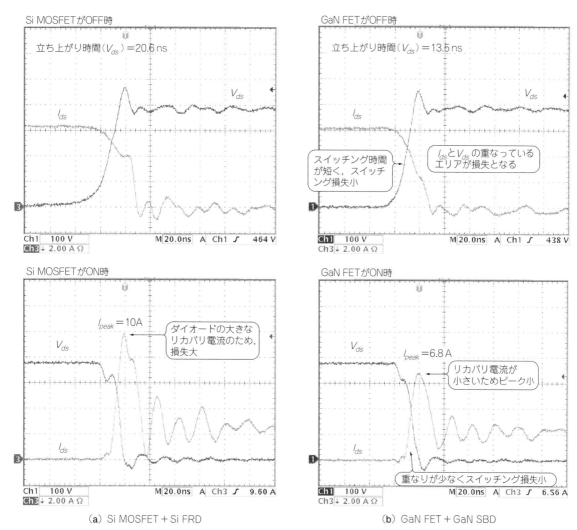

**図5 スイッチング電源のPFCに応用したときのスイッチング波形**（100 V/div，2 A/div，20 ns/div）
いずれもスナバ回路はなし

を低減できるため部品サイズを小型化できます．さらに，サージが減りスナバ回路を不要とすることも可能です．

Si MOSFET実装時とGaN FET実装時のスイッチング波形（f = 109 kHz時，PFC部出力0.52 A，198 W）を図5に示します．GaN FETでは Si MOSFETと比較してオフ時のスイッチング時間が短縮，オン時のサージ電流が低減しています．これらの改善はFETの寄生容量やSBDのリカバリ電流の低減によると考えられます．

図6に効率特性を示します．スイッチング周波数の増加とともに効率の差が広がることがわかります．GaN FETは高周波スイッチングで真価を発揮するといえます．高周波化に伴うインダクタンス低減などの回路定数の変更により，さらに効率改善と小型化が期待できます．

● **モータ駆動インバータ**

モータ駆動用の0.75 kW三相汎用インバータ SAMCO-e ET0.75k（サンケン電気）において，IGBTモジュールの代わりに，GaN FETを使用しました．ノーマリ・オフ型GaN FET（600 V，$R_{on}$ = 0.2 Ω，GaN SBD内蔵）の素子6個を1パッケージ化したものを実験に使用しました．GaNのゲート駆動回路は，IGBTのものに分圧抵抗などを付け，ゲート電圧波形が2V程度となるように調整しました．

図7にインバータの効率を比較した結果を示します．測定した出力電力全域で，GaNインバータはIGBTインバータの効率を上回りました．スイッチング電源のときと同様に，低出力域で大きな効率改善効果がありました．オン時の電圧降下が少なく導通損失が低減された結果だと考えられます．

また，本動作試験において，起動時や定格負荷時で

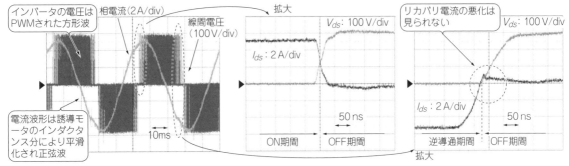

図8　モータ駆動時のGaN FETインバータのスイッチング波形

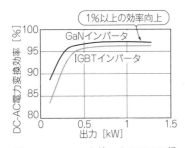

図7　GaN FETを使った0.75 kW汎用インバータの効率
入力3相200 V，0.75 kWモータを駆動

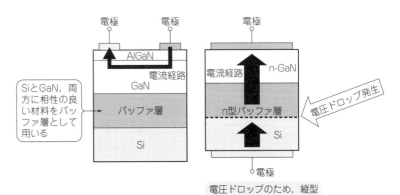

（a）Si基板＋バッファ層＋GaN厚膜
（横型デバイス）

（b）Si基板＋バッファ層＋GaN厚膜
（縦型デバイス）

図9　Si基板上に生成したGaN半導体GaN on Siの構造
GaNは直接Si上に厚膜を形成できないのでバッファ層を生成する

もスイッチングの誤動作は起きませんでした．

▶無負荷におけるリカバリ特性も良好

　図8に誘導モータを無負荷で駆動した場合の，スイッチング波形を示します．

　Si IGBT素子の場合，無負荷時や軽負荷時においてリカバリ特性が悪化することがあります．悪化する原因は，素子に印加される電圧が細いパルス状となり，$d_i/d_t$が急峻になり，素子の電流に振動が現れるためです．

　GaN FETの場合，単体時の特性（図3参照）と同じく良好なリカバリ特性が得られることがわかりました．

## GaN FETの技術開発動向

### ● 実用化しやすいGaN on Si横型デバイス

　GaNのパワー半導体を製作する場合，GaNの材料で作った基板（ウェハ）上にGaNの厚膜を成長させる方法（GaN on GaN）と，Siの材料で作った基板上へGaN厚膜を成長させる方法（GaN on Si）があります．

　GaNは高価であるため，後者の方がコスト的に有利で実用化しやすいといえます．GaN基板上にGaN

の厚膜を成長させることは，同じ材料同士なので問題ありませんが，Si基板上にGaNを結晶成長させても膜はできません．GaNの結晶成長には基板を1000 ℃以上の高温に加熱する必要があります．この条件下でSi基板上にGaNを成長させると，GaNとSiが混じり合った層が形成されてしまい品質の良いGaN膜が得られません．

　そこで，図9（a）のようにSiとGaN両方に相性の良い材料をバッファ層として成長させます．その後，GaNを結晶成長させることで，GaNの厚膜を作れるようになります．GaN on Siに作られるFETは，横方向（基板の表面方向）に電流を流す構造となります．図9（a）のように電極はGaN on Siの表面に取り付けられます．このような構造のものを横型デバイスといいます．

　一方，図9（b）のように基板の上下に電極を付けて，縦に電流を流すものを，縦型デバイスといいます．GaN on Siに作られるFETを縦型デバイスとした場合，バッファ層とSi基板との間に抵抗が生じてしまい，スイッチング素子としては使えません．

　現在あるSiのパワー半導体は縦型構造です．横型

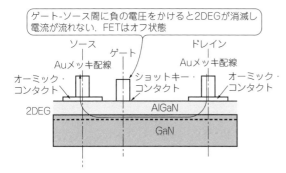

ゲート-ソース間に負の電圧をかけると2DEGが消滅し電流が流れない．FETはオフ状態

**図10 ノーマリ・オン型GaN FETの構造**
AlGaNとGaNの境界に生じるひずみにより電界が生じ，電子が流れる層となる．2次元電子ガス層と呼ばれる

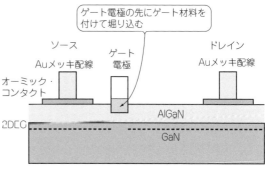

ゲート電極の先にゲート材料を付けて掘り込む

**図11 ノーマリ・オフ型GaN FETの断面**
電極を掘り込んだことで，2DEG層が消滅，ゲートに電圧を引加すると2DEG層が形成され電流が流れる

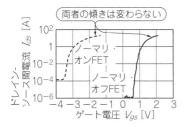

両者の傾きは変わらない

**図12 GaN FETのゲート構造と$V_{gs}$-$I_{ds}$特性**

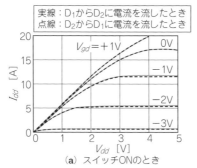

実線：$D_1$から$D_2$に電流を流したとき
点線：$D_2$から$D_1$に電流を流したとき

（a）スイッチONのとき

（b）スイッチOFFのとき

**図13 双方向スイッチの$I$-$V$特性**
正逆同じ特性の双方向スイッチであることがわかる

に比べて，縦型は，高耐圧，大電流化が容易です．

なお，LEDで実用化されているサファイア・ウェハは，放熱性が悪くパワー・デバイスには不向きです．またSiCウェハを用いたGaN 高周波パワー・デバイスが製品化されていますが，電源用パワー・デバイスの観点からは，純粋なSiCデバイスに対するメリットはありません．

● ノーマリ・オン型GaN FET

**図10**にGaN FETの構造概略を示します．配線抵抗を減らすため，ソースおよびドレイン電極には金電極を形成しています．チップ・サイズは約10mm²です．GaN FETと同じオン抵抗をSi MOSFETで得ようとした場合，チップ・サイズはGaN FETの50倍は必要となるイメージです．

GaN FETの耐圧を高くするためには，電極間の距離を離すことに加えて，GaNのエピタキシャル膜の厚膜を厚くする必要があります．この厚膜によりSi基板と表面の電極間の漏れ電流の大きさが決まります．層を厚く作ろうとすると，その表面にひび割れが発生し，かえって耐圧が低下してしまいます．バッファ層構造，エピタキシャル成長条件を最適化することで，現在のところ600 V程度の耐圧まで得られています．

導電層としてはAlGaNとGaN 界面の2次元電子ガス（2DEG，two‐Dimensional Electron Gas）層を利用しています．AlGaNとGaNは物質の性質が多少異なり，これらの界面にひずみが生じます．ひずみが生じると電界が現れて電子が流れる層，2DEG層が形成されるので，ノーマリ・オン型となります．

通常，ゲート電極は，ショットキー構造により作られます．半導体の表面に電極を何も考えずに取り付けた場合，ダイオードのように，ある電圧を超えないと流れない特性を持ちます．ある抵抗を持った接触（オーミック・コンタクト）とはなりません．このGaN FETをOFFさせるためにはしきい値電圧（FETがONし始めるゲート電圧値）以下の負電圧をゲート-ソース間に印加する必要があります．この状態では2DEGが消失して，FETをOFF状態にすることができます．

● ノーマリ・オンからオフへ

ノーマリ・オフのほうが，応用例からすると使いやすく，現在広く使われているSi MOSFETはノーマリ・オフです．上述したように**図10**の構造では，ゲート電極がAlGaNの表面にあり，2DEGが存在するためノーマリ・オンとなります．

**図11**にノーマリ・オフ型GaN FETの断面構造を示

します．ゲート電極の先にゲート材料を付加して掘り込んであります．これにより，2DEGが消失し，ノーマリ・オフ化が達成できています．図12にノーマリ・オン型GaN FETとノーマリ・オフ型GaN FETの伝達特性を比較します．しきい値電圧（$I_{ds}$ = 1 mA時）は，ノーマリ・オン型が－3.4 Vと負電圧であるのに対し，ノーマリ・オフ型は＋0.75 Vと正電圧にできています．最大動作電流は20 A以上で，ノーマリ・オフ化に伴う大きな電流減少は見られていません．なお，前述の特性評価には，ここでのノーマリ・オフ型デバイスを用いています．

● 横型デバイスの特徴を生かす

　横型構造は，双方向スイッチを1個のデバイスで実現することが比較的容易です．正負の両方向の耐圧を持たせる構造を表面電極の設計でできるためです．

　ゲート電極が1個のSG（Single Gate）型双方向GaN FET（ノーマリ・オン型の試作サンプル）の特性を測定しました．$I-V$特性を図13に示します．電位の極性を入れ換えて測定しても$I-V$特性とリーク電流特性に差異は認められませんでした．したがって，双方向スイッチになっているといえます．さらに，このスイッチの動特性を確認するために，図14（a）のように交流電圧を印加し，スイッチングさせました．スイッチング周波数は6 kHz，負荷は110 Ωの抵抗としました．図14（b）に双方向スイッチング・デバイスに流れる電流波形を示します．正負の両方向の電流が良好にスイッチングできています．

● 課題は大きな漏れ電流

　GaN FETの完成度は，Siデバイスを凌駕することを実機動作により実証できる段階にまで進展しています．

　しかし，課題がまだまだあります．本文中では触れませんでしたが，スイッチOFF時の漏れ電流は，Si MOSFETでは，数nAに対し，試作GaNFETでは，数μA，SBDを内蔵したGaNFETでは数百μAあります．

　今回の事例ではこの漏れ電流が問題になるようなことはありませんでしたが，漏れ電流の改善は課題の一つです．加えて，GaN on Siのため，長時間使った場合の信頼性の確認や作製工程の工夫が今後の課題となっています．

　また，GaNデバイスそのものの課題ではありませんが，GaN FETのコスト・メリットを生かすには，

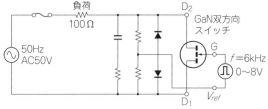

(a) GaN双方向FETを用いた回路

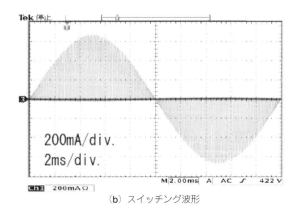

(b) スイッチング波形

**図14　交流チョッパ回路とスイッチング波形**

単なるSi MOSFETの置き換えではなく，GaN FETならではの新回路，新方式が発明される必要があると筆者は考えています．

◆参考文献◆

(1) NEDO平成13年度採択基盤技術研究促進事業；電源用GaNonSi電子デバイスの研究，研究期間：平成14年1月～平成17年3月．
(2) 大塚 康二；Si基板上への窒化物半導体のエピタキシャル成長技術とインパクト，応用物理学会誌，第76巻第5号，2007年．
(3) 馬場 清太郎；高効率パワー素子SiCとCoolMOSの実力を見る，トランジスタ技術2004年12月号，CQ出版社．
(4) 小谷 和也，黒須 俊樹，池田 良成，山田 靖；半導体電力変換装置のパッケージング技術，実装における技術動向，平成21年電気学会全国大会 シンポジウム S20-6，2009年．
(5) 柳原 将貴，馬場 良平；600 V耐圧 AlGaN/GaN HFETの開発，サンケン技報 vol.38, no.1, pp35-38，2006年12月，サンケン電気㈱．
(6) 猪澤 道能，町田 修；高耐圧GaNデバイスのスイッチング電源への搭載，サンケン技報 vol.39, pp43-46，2007年12月，サンケン電気㈱．
(7) 金子，町田；ノーマリオフ型GaN FETの開発，サンケン電気技報，vol.40, no.1 pp19-22，2009年12月，サンケン電気㈱．
(8) 町田 修，岩上 信一 他；高耐圧 AlGaN/GaN FETのPFC回路評価，2007年電気学会全国大会．
(9) 町田 修，金子 信男 他；GaN 双方向スイッチ，2008年電気学会全国大会．

初出：「トランジスタ技術」2015年2月号

シリコンより1000倍以上高性能ってホント？
600 V，20 A品で比べる

# ウルトラ・ハイスピード・パワー・トランジスタGaN HEMT実験レポート

山本 真義
Masayoshi Yamamoto

## ● スリム化とハイ・パワー化の両立を目指している

電源やモータ・ドライバなどのパワー・エレクトロニクス回路は，小信号回路と比較してかなり大きなサイズと重量になるので，つねに小型軽量化が求められます．例えば，デスクトップ・パソコンでは，電源にかなりの体積を占めるので，電源が小さくできれば筐体を小さくできます．EVならパワー回路を少しでも小型化して，そのぶんバッテリを積めます．

パワー回路を小型化するには，スイッチング周波数を高くしてLやCなどの受動部品を小さくすることや，損失を減らして放熱器を小さくすることが必要です．

しかし，スイッチングするときに電力損失が発生するので，スイッチング周波数を高くすると，効率は下がります．パワー回路の小型化には，高速でスイッチングできるパワー半導体が必要です．

## ● 新素材のパワー半導体がすぐそこに

一般的に使われているパワー半導体はシリコン（Si，ケイ素）で作られていますが，材料を変えて高性能なパワー半導体を作る研究がされています．例えば，炭化ケイ素（SiC）のパワー半導体などです．

SiCよりさらに高速スイッチングに向いた材料として，窒化ガリウム（GaN）があります．GaNを使って作られた高速パワー半導体なら，10 MHz以上のスイッチング周波数も夢ではありません．この周波数なら，ワイヤレス電力伝送への応用も期待できます．

本章では，半導体メーカから入手したGaNパワー半導体（GaN HEMT：High Electron Mobility Transistor）の試作品を実際の回路に投入し，どのくらい性能が向上するのかを紹介します．

## ● GaNの性能はシリコンの1000倍らしい？

ここでは，一般的に使われているパワー半導体Si MOSFETと新素材を使ったパワー半導体のSiC MOSFET，GaN HEMTの違いを見ていきます．
▶材料の性能を示す値「バリガ指数」

表1に各材料の物性特性比較を示します．パワー・エレクトロニクス用デバイスとしての性能指標の一つ

**表1 今回入手したデバイスの材料「窒化ガリウム」はシリコンの1128倍高性能と言われている**
基本的な構造のMOSFETを考えると，オン抵抗は耐圧の二乗に比例する関係式が得られる．このときの比例係数から，半導体材料にかかわる値だけ取り出したのがバリガ指数．この指数が大きいと，同じ耐圧でより低いオン抵抗のデバイスが作れる

| 特性 \ 材料 | Si (1.12) | GaAs (1.43) | 4H‑SiC (3.26) | GaN (3.39) |
|---|---|---|---|---|
| 比誘電率 $\varepsilon$ | 11.8 | 13.1 | 10 | 9.5 |
| 電子移動度 $\mu$ [cm²/Vs] | 1350 | 6000 | 700 | 1500 |
| 電子飽和速度 [cm/s] | $1\times10^7$ | $2\times10^7$ | $2\times10^7$ | $2.7\times10^7$ |
| 絶縁破壊電界強度 $E_C$ [MV/cm] | 0.3 | 0.4 | 3 | 3.3 |
| バリガ指数（$\varepsilon\mu E_C^3$）の相対値（Siを1とする） | 1 | 12 | 439 | 1128 |

※材料下のカッコ内はバンドギャップ[eV]の値

> GaNは，電源用デバイスとしての性能指数がSiの1000倍超！

に，バリガ指数という値があります．

この指数は高いほど良い値で，高耐圧，低オン抵抗のデバイスを作りやすくなります．シリコンを1とするとSiCは400倍，GaNについては1000倍以上となっています．

> ①ドレイン→ソースの
> 単方向スイッチング性能を比べる
> ～電源への応用を想定して～

> ターン・オフ時の電圧の立ち上がりは
> GaN HEMTのほうが明らかに速い

## ● シンプルなスイッチング回路でパワー半導体の特性を比較

図1に示す直流電圧（300 V），抵抗（50 Ω），スイッチだけのシンプルなパワー回路を組んで，スイッチング性能の実験を行いました．

スイッチには前述のSi MOSFETとGaN HEMTを使います．まずはゲート駆動回路の波形を確認していきます．

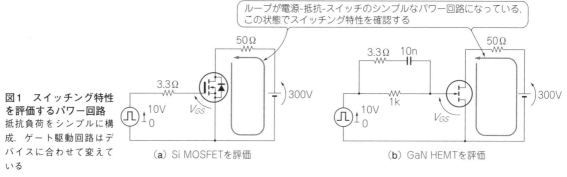

ループが電源-抵抗-スイッチのシンプルなパワー回路になっている.
この状態でスイッチング特性を確認する

**図1 スイッチング特性を評価するパワー回路**
抵抗負荷をシンプルに構成. ゲート駆動回路はデバイスに合わせて変えている

（a）Si MOSFETを評価

（b）GaN HEMTを評価

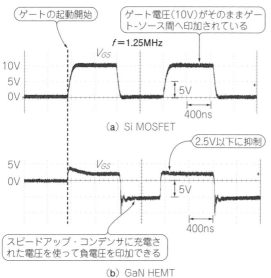

ゲートの起動開始

ゲート電圧（10V）がそのままゲート-ソース間へ印加されている

$f$=1.25MHz

（a）Si MOSFET

2.5V以下に抑制

スピードアップ・コンデンサに充電された電圧を使って負電圧を印加できる

（b）GaN HEMT

**図2 スイッチング時のゲート-ソース間電圧**
GaN HEMTの正側ゲート電圧は低く抑えられているので問題ない

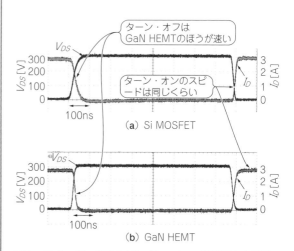

ターン・オフは GaN HEMTのほうが速い

ターン・オンのスピードは同じくらい

（a）Si MOSFET

（b）GaN HEMT

**図3 スイッチング時のドレイン-ソース間電圧およびドレイン電流**
どちらも良好にON/OFFできているが, ターン・オフはやや GaN HEMTのほうが速い

● **実験に使うゲート駆動回路が評価対象のデバイスを壊さないようにセッティングする**

図2にゲート-ソース間電圧の実験結果を示しています. ゲート-ソース間電圧は, ゲート駆動回路の違いにより異なります.

MOSFETではPWM電圧によって印加された電圧がそのままゲート-ソース間電圧として出力されています.

GaN HEMTの場合は全く違う波形になっています. ゲート-ソース間電圧に印加される電圧は, スピードアップ・コンデンサ（AppendixA参照）の効果で, 入力されたPWM電圧の10 Vピーク値に対して分圧しておよそ2.5 V以下に抑制できています. ターン・オフ時には, スピードアップ・コンデンサの電圧を負側に印加させて, 素早くターン・オフできます.

● **実験結果**

スイッチング特性を見てみます. 図3にSi MOSFETとGaN HEMTのスイッチング動作波形の相対比較結果を示します. この波形を見てみると, ターン・オン

はほぼ同等なスピードですが, ターン・オフはGaN HEMTのほうが速いように見えます. もっと拡大した図で見てみましょう.

図4にターン・オフ時におけるドレイン-ソース間電圧, ゲート-ソース間電圧を示しています. 拡大すると, 電圧の立ち上がりがSi MOSFETと比較してGaN HEMTのほうが明らかに速くなっています.

図5にはターン・オン時の各部波形を示しています. 電圧の立ち上がりでは, ゲート-ソース間の電圧波形の違いに対して, ほとんど変化がありません.

## Si MOSFETよりもターン・オフが高速でトータルのスイッチング損失は約1/4に

● **スイッチング損失…GaN HEMTはSi MOSFETに対して約1/4に抑制**

従来のSi MOSFETとGaN HEMTのスイッチング遷移時間の差を求めてみます. 表2のような結果となりました. ターン・オンでは大きな差は出ませんでしたが, ターン・オフでは大きな差が出ました. この差

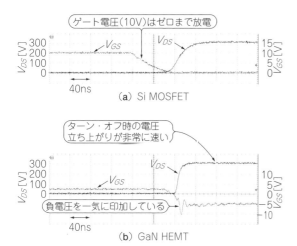

図4 ターン・オフ時のドレイン-ソース間電圧波形を拡大
ターン・オフはGaN HEMTのほうが高速

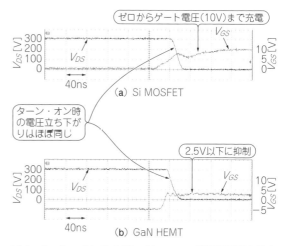

図5 ターン・オン時のドレイン-ソース間電圧波形を拡大
ターン・オンの速度は同等

は，そのままスイッチング損失に影響を及ぼします．

**図3**に示す電圧電流波形の重なり部分が，ターン・オフ損失となります．この重なった三角形の面積は，明らかにSi MOSFETの方が大きくなっています．

ターン・オンとターン・オフを繰り返す1周期当たりのスイッチング損失の合計を**表3**に示しています．GaN HEMTは，Si MOSFETに対してスイッチング損失が約1/4程度に抑制できます．これが新材料パワー半導体の代表格であるGaN HEMTの性能です．

## 実用回路のPFCコンバータで効率を比較

### ● GaN HEMTで効率改善

実際にGaN HEMTをパワー・エレクトロニクス回路に応用してみます．ここでは，代表的なパワー・エレクトロニクス回路であるPFC（Power Factor Correction：力率改善）コンバータでの性能を評価します．**写真1**に，汎用電源から抜き出したPFCコンバータ部分の外観を示します．PFCコンバータの等価回路図を**図6**に示します．100～240 Vの商用交流電圧を約400Vの直流に変換して出力する回路構成です．ダイオード・ブリッジと昇圧チョッパを直列接続して，昇圧チョッパで入力よりも高い直流電圧を作っています．

今回はこの昇圧チョッパ部のパワー半導体（スイッチング・デバイス＋ダイオード）だけを，Si MOSFETとGaN HEMTに付け替えて，効率性能を比較実験します．**写真2**にそれぞれの回路にパワー半導体を取り付けた基板を示します．

**図7**に効率の比較結果を示します．GaN HEMTを使った場合のPFCコンバータは，Si MOSFETを使った場合と比較して，全出力領域で効率が改善されています．これは，Appendix Aの**図A**に示す従来のSi

**表2 スイッチング速度の比較**
GaN HEMTのほうが圧倒的に高速

| パワー半導体 | ターン・オン時間 $t_{on}$ [ns] | ターン・オフ時間 $t_{off}$ [ns] |
|---|---|---|
| GaN HEMT | 42.03 | 19.44 |
| Si MOSFET | 46.52 | 111.15 |
| 差 | − 4.49 | − 91.71 |

ターン・オフのスピード差は非常に大きい

**表3 スイッチング損失の比較**
GaN HEMTのほうが大幅に損失を減らせる

| パワー半導体 | 上昇時間 $t_r$ [ns] | 下降時間 $t_f$ [ns] | 1周期の スイッチング損失 [$\mu$J] |
|---|---|---|---|
| GaN HEMT | 23.26 | 6.77 | 4.5 |
| Si MOSFET | 40.10 | 71.15 | 16.68 |

ターン・オフのスピード差が4倍近いスイッチング損失の差を発生している

**写真1 ドレイン→ソースの単方向スイッチング性能を比べる実験に使ったPFC電源の基板**（回路は図6を参照）
AC入力電源回路の入力側にある単相PFCコンバータを利用する

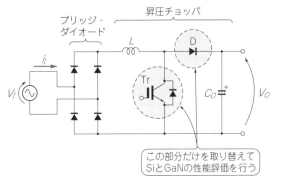

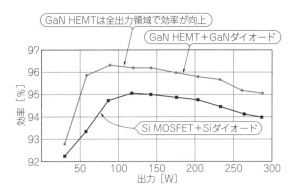

**図6 ドレイン→ソースの単方向スイッチング性能を比べる実験に使ったPFC電源回路**
AC入力の電源に使われる単相PFCコンバータ. 電源回路の代表例

**図7 GaN HEMTを使うと全出力領域で効率が上がり, 損失が減っている**

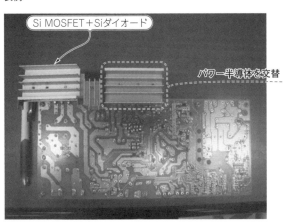

（a）Si MOSFET＋Siダイオードを実装

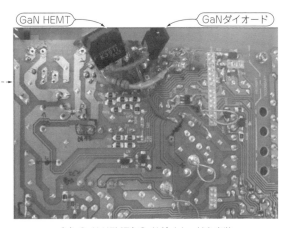

（b）GaN HEMTとGaNダイオードを実装

**写真2 単相PFCコンバータにパワー半導体を取り付けたようす**
比較する素子以外は同じものを使用

MOSFETのオン抵抗が220mΩであるのに対して
GaN HEMTではわずか50mΩだという性能や, **表3**
に示したスイッチング損失の差が大きく影響した結果
です.

---

## ② ドレイン⇔ソースの
## 双方向スイッチング性能を比べる
## ～インバータへの応用を想定して～

---

## 実験の準備

### ● ソースからドレイン方向に流れる応用でも有効かどうかを確かめたい

　ここまでは, GaN HEMTのシンプルな性能を確認
するために単純な抵抗とスイッチだけのパワー回路や
PFCコンバータによる評価を行ってきました. しかし,
パワー・エレクトロニクス回路では, インバータと呼
ばれる重要なアプリがあります.

　パワー・エレクトロニクス回路をパワー半導体から
見た場合に, PFCコンバータとインバータとの大き
な違いは,「電流が流れる向きが一方向か双方向か」
という点があります.

　PFCコンバータでは, 電流はドレイン側からソー
ス側へだけ流れます. しかし, インバータは, ドレ
イン側からソース側へ流れたり, 逆にソース側からドレ
イン側へ流れたりします. 電流が両方向に流れるイン
バータのような回路でGaN HEMTを使う場合は, う
まく使わないとSi MOSFETより損失が増えます.

　ここでは, その原因と改善手法について紹介します.

### ● LLCコンバータで実験する

　パワー半導体の評価には, LLCコンバータを採用
します. 採用した理由は, スイッチング時の電流が一
定であることと, パワー半導体に流れる電流がドレイ
ン側からソース側へ流れる場合とソース側からドレイ
ン側へ流れる場合の双方向の動作を持っているからで
す. PFCコンバータの場合と同じように, 汎用電源
を使います.

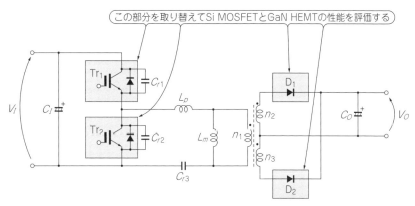

図8 ドレイン⇔ソースの双方向スイッチング性能を比べる実験に使ったLLC共振電源回路
LLC共振コンバータの1次側には双方向に電流が流れる

この部分を取り替えてSi MOSFETとGaN HEMTの性能を評価する

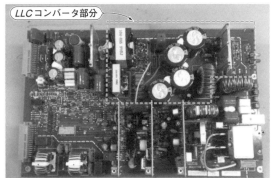

写真3 ドレイン⇔ソースの双方向スイッチング性能を比べる実験に使ったLLC共振電源の基板（回路は図8を参照）
インバータのように電流が双方向に流れる回路の例としてLLC共振コンバータを使った

写真4 LLC共振コンバータにGaN HEMTを取り付けたようす

実験に使ったLLCコンバータの外観を**写真3**に，大まかな等価回路を**図8**に示します．このLLCコンバータは絶縁DC-DCコンバータの一種です．トランスの漏れインダクタンス，トランスに直列に接続された共振用コンデンサ，パワー半導体に並列に接続されたロスレス・スナバ・コンデンサの間での共振現象を積極的に利用することで，すべてのパワー半導体でソフト・スイッチング（電流か電圧のどちらかまたは両方がゼロのときにON/OFFする）できます．

LLCコンバータでは，1次側パワー半導体の二つの接続点の間にトランスが接続されています．インバータのときと同ように，漏れインダクタンス，励磁インダクタンスの効果で，ドレイン側からソース側へ，ソース側からドレイン側へと両方向の電流を観測できます．

● LLCコンバータでは単純にSi MOSFETをGaN HEMTに置き換えると効率が悪化する！

今回は，1次側パワー半導体と2次側ダイオードをそれぞれ，Si MOSFETとGaN HEMTに取り替えて，効率を比較しました．

**写真4**にGaN HEMTを取り付けたLLCコンバータのようすを示しています．このような状況で効率比較

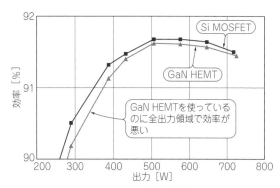

図9 ドレイン⇔ソースの双方向に電流が流れるLLCコンバータにGaN HEMTを使うと全出力領域で効率が下がる

試験を行いました．ゲート駆動回路はAppendix Aの**図B**に示した回路を使っています．**図9**に効率比較の結果を示します．GaN HEMTを使用したほうが，全出力領域で効率が下がっています．

## GaN HEMTの逆特性は損失が多い

● GaN HEMTは逆並列ダイオードがない

従来のSi MOSFETは，構造から必然的に逆並列ダイオードを持ちます．

GaN HEMTはこのダイオードを持ちません．しか

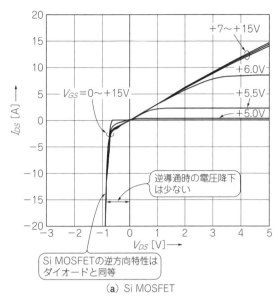

(a) Si MOSFET

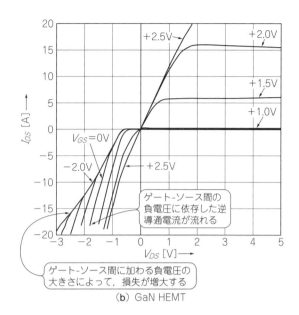

(b) GaN HEMT

**図10 GaN HEMTの逆方向特性は抵抗のようである**
Si MOSFETの逆方向特性はダイオード特性なのと大きく異なる

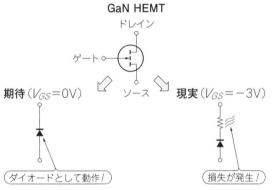

**図11 GaN HEMTがダイオードとして動作することを期待したが現実は異なる**

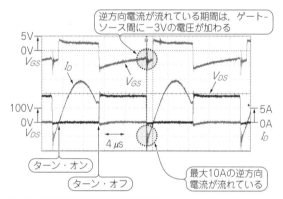

**図12 LLC共振電源回路の動作波形**
ゲート-ソース間に負電圧が印加されているのが問題

し，逆方向へ電流が流れないことはありません．

Si MOSFETとGaN HEMTの逆方向におけるV-I特性を**図10**に示します．Si MOSFETでは逆方向特性は完全なダイオードの特性を示しますが，GaN HEMTではゲート-ソース間電圧に応じた逆導通特性を示します．つまり，ゲート-ソース間に負電圧を印加した場合に，その負電圧の大きさに応じて損失が増大します．

**図11**にこの現象を示します．

GaN HEMTは，OFF時にゲート-ソース間電圧が0Vの状態であれば，仮想ダイオードとして低損失動作します．

もしもOFF時にある程度の負電圧がゲート-ソース間に印可されている状態の場合は，逆方向に電流が流れると，大きな損失が発生します．

**● LLCコンバータとの相性は悪い？…逆方向に流れる電流で損失が発生**

実際にLLCコンバータではどのような動作をしているのでしょうか．**図12**にLLCコンバータの各部動作波形を示します．上側は使用したパワー半導体のゲート-ソース間電圧波形，下側はドレイン-ソース間電圧の電流波形です．

ターン・オン時は，パワー半導体の逆導通状態から共振的に電流がゆっくりと増加していき，電圧がゼロの状態でONしているので，ゼロ電圧かつゼロ電流のソフト・スイッチングしています．

ターン・オフ時には，電圧と電流が重なっているように見えます．**図8**に示したように，LLCコンバータではパワー半導体に並列にコンデンサを接続しているので，このコンデンサがロスレス・スナバ動作をする

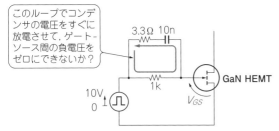

**図13　ゲート-ソース間の負電圧はスピードアップ・コンデンサの電荷が原因?**
抵抗値を変えて放電を高速化すれば特性は改善するはず

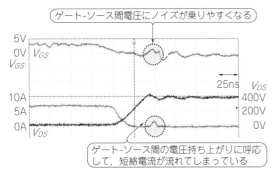

**図15　電流制限抵抗を小さくすると誤オンが起こりGaN HEMTが壊れる**
電荷の放電は抵抗を小さくする以外の方法を考えなければいけない

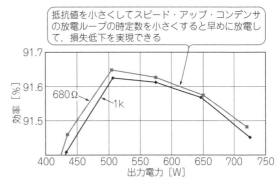

**図14　電流制限抵抗を小さくしたら効率が改善された**
スピードアップ・コンデンサの電荷を高速に放電させるとよい

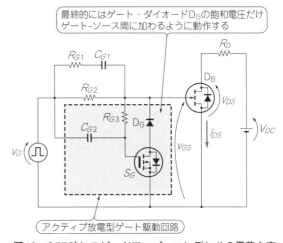

**図16　OFF時にスピードアップ・コンデンサの電荷を高速放電できるゲート駆動回路**
ノイズによる誤オンも起こらない

ことで，ゼロ電圧のソフト・スイッチングしています．

*LLC*コンバータはターン・オン時にソフト・スイッチングするために，パワー半導体のソース側からドレイン側へ電流が流れる期間を持っています．この期間中のゲート-ソース間の電圧を見ると，負電圧が加わっています．これでは，GaN HEMTの場合は，逆方向に流れる電流により，損失が発生してしまいます．

## OFF時のゲート-ソース間電圧を小さくすれば損失が減る

### ● 対策1…ゲート抵抗値の最適化設計でも失敗!

逆方向電流導通時の損失を抑制するには，ゲート-ソース間に印可される負電圧の値を小さくすることが重要です．そのためには，充電されているスピードアップ・コンデンサの電荷を一時的に抜いてやれば，負側に印可される電圧はゼロになります．

コンデンサの電荷を抜くことができる放電ループとしては，**図13**に示すような閉回路が考えられます．ここの時定数を小さくしてやれば，電荷を効果的に放電させ，逆導通時の損失は減るはずです．そこで今回は，電流制限抵抗を1kΩから680Ωへ小さくして効率を試しました．

**図14**に電流制限抵抗が1kΩ使用時と680Ω使用時

の効率比較結果を示します．スピードアップ・コンデンサの電圧を放電させることで，ゲート-ソース間の負電圧値を抑制し，逆導通時の損失を低減できました．

## OFF時のゲート-ソース間電圧を小さくするとノイズによる誤動作が増える

この手法には大きな落とし穴があります．前述に続いて今度は，電流制限抵抗を1kΩから200Ωへとさらに小さくしてみました．すると，GaN HEMTは熱暴走して壊れました．

200Ωを使用したときの破壊直前の実験波形を**図15**に示します．いったんターン・オフした後，ゲート-ソース間にノイズが乗ったために一時的にゲートしきい値電圧を超え，ドレイン電流が流れています．これは誤オンによる短絡電流が流れていることを意味します．200Ωを使うときには，スピードアップ・コンデンサの電荷は効果的に放電できます．しかし，早く電圧はゼロに到達して，ノイズに弱くなってしまいます．

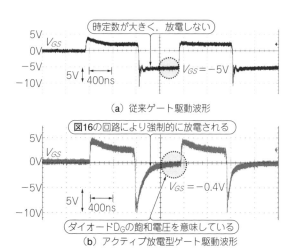

（a）従来ゲート駆動波形

（b）アクティブ放電型ゲート駆動波形

**図17 図16のゲート駆動回路では理想的な駆動ができている**

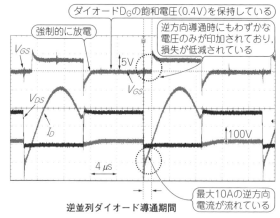

逆並列ダイオード導通期間

**図18 図16のゲート駆動回路を使った図8のパワー回路の動作波形**
逆方向に電流が流れているときにゲート－ソース間電圧がほぼゼロになっている

低いゲートしきい値である GaN HEMT では簡単に誤オンするのです．この手法は安定性を求められる製品などでは，かなりハードルの高い手法です．

● 対策2…ノイズに強く低損失なゲート駆動回路を考案！

▶積極的にコンデンサを放電する

スピードアップ・コンデンサを効果的に放電し，なおかつ，ノイズに強いゲート駆動回路はないものでしょうか．そういった要求を満たす回路としてアクティブ放電型ゲート駆動回路があります．

図16にその等価回路を示します．基本的にはスピードアップ・コンデンサの電荷をスイッチ$S_G$とダイオード$D_G$のループで放電し，最終的にダイオードの飽和電圧（今回採用したダイオードの飽和電圧は0.4 V）だけが GaN HEMT のゲート-ソース間に印可される構成となっています．

コンデンサが放電された後も，ゲート-ソース間電圧はダイオード$D_G$の飽和電圧でクランプされているので，ノイズに対しても安定動作できます．

## GaN HEMT に双方向電流を流すときはアクティブ放電型ゲート駆動回路を利用する

● アクティブ放電型ゲート駆動回路の実機動作

図17に，従来の GaN HEMT 用ゲート駆動回路と，今回提案するアクティブ放電型ゲート駆動回路によるゲート-ソース間電圧波形を示しています．従来のゲート駆動回路は，電流制限抵抗が$1 k\Omega$時であることから時定数が大きく，ほとんど放電していません．

これに対して，提案するアクティブ放電型ゲート駆動回路では，ゲート駆動回路のスイッチ$S_G$をONさせることでスピードアップ・コンデンサの電荷を効果

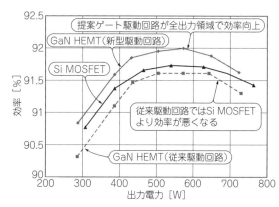

**図19 図16のゲート駆動回路を使えば GaN HEMT で高効率化が可能**

的に放電し，ゲート駆動回路側ダイオード$D_G$の飽和電圧にクランプされています．この電圧時に GaN HEMT に逆導通電流が流れても，大きな損失は発生しません．

● 応用！ *LLC* コンバータにアクティブ放電型ゲート駆動回路を適用

アクティブ放電型ゲート駆動回路を，前述の*LLC*コンバータに適用してみます．まずは各部動作波形から確認していきます．

図18がその実験結果です．上側が GaN HEMT のゲート-ソース間電圧，下側がドレイン-ソース間電圧，電流波形を示しています．アクティブ放電型ゲート駆動回路を用いることで，効果的にスピードアップ・コンデンサを放電させ，ゲート駆動回路ダイオード$D_G$の飽和電圧にクランプされています．この電圧時に GaN HEMT で逆導通が起こっていますが，損失は低

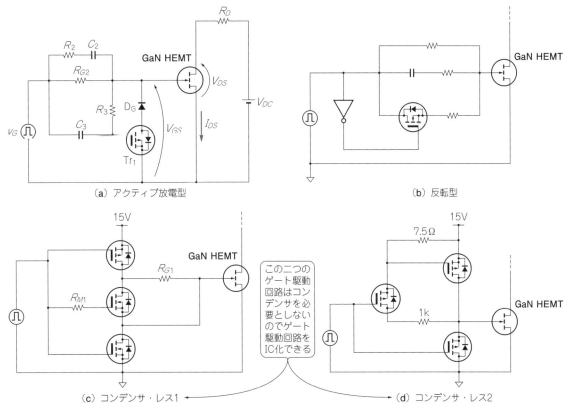

（a）アクティブ放電型

（b）反転型

（c）コンデンサ・レス1

この二つのゲート駆動回路はコンデンサを必要としないのでゲート駆動回路をIC化できる

（d）コンデンサ・レス2

図20　GaN HEMTの駆動回路はいろいろなものが考案されている

減できていると予想できます.

**図19**が効率の比較結果です. GaN HEMTは従来の駆動回路のままではSiC MOSFETより効率が悪くなることがわかります.

● **改良版のGaN HEMT駆動回路**

今回はアクティブ放電型ゲート駆動回路を紹介しましたが, 新しいGaN HEMTというパワー半導体に対しては, まだまだ色々なゲート駆動回路が考えられます.

**図20**にこれまで提案されているいろいろなGaN HEMT用ゲート駆動回路を紹介します. インバータのような逆方向（ソースからドレイン方向）にも電流が流れる回路に利用できます.

インバータへGaN HEMTを応用する場合には, まだまだ色々なゲート駆動回路が眠っているはずです. 皆さんも, ぜひ, 新時代のGaN HEMTに適した面白いゲート駆動回路を考案してみてください.

◆**参考・引用\*文献**◆
(1) 長谷川 慶太郎, 泉谷 渉：「素材は国家なり一円高でも日本経済の圧倒的優位は揺るがない」, ISBN-10：4492395598, 2011年.

(2) ローム㈱, 製品情報, 「SiC MOSFET – SCH2080KE」："http://www.rohm.co.jp/web/japan/products/ – /product/SCH2080KE"

(3) 山本真義；「実験研究! 超高速・超高効率パワー素子 SiC MOSFET」, トランジスタ技術, CQ出版, No.4, pp. 169 - 176, 2013年.

(4) 引田 正洋ほか；「GaNパワーデバイス」, Panasonic Technical Journal, p.p. 21 - 25, Vol. 55, No.2, (2009).

(5) 野崎 優, 服部 文哉, 山本 真義；「単相PFCボードにおけるGaNパワーデバイスの実装評価」, 平成23年電気学会産業応用部門大会, Vol. 1, p.p. 525 - 526 (2011).

(6) 町田 修ほか；「高耐圧 AlGaN/GaN FETのPFC回路評価」, 平成19年電気学会全国大会講演論文集, p.p. 11 - 12, Vol.4, (2007).

(7) 金子 信男, 町田 修；「ノーマリオフ型GaN FETの開発」, サンケン技報 p.p. 19 - 22, Vol. 40, (2008).

(8) 山本 真義；入門! 電気自動車のエレクトロニクス, 電気自動車を支える電源技術とパワー・デバイス, トランジスタ技術, No.10, pp. 51 - 72, 2013年, CQ出版社.

(9) 山本 真義；リラクタンス・モータを100kHzで静音駆動! 電気も喰わない! 電流のキレが違う! 超高速1200Vパワー半導体 SiC MOSFETの実力, トランジスタ技術, No.9, pp. 153 - 162, 2014年, CQ出版社.

(10) 服部 文哉, 野崎 優, 山本 真義；「GaN - FET用新ゲート駆動回路の提案」, 平成23年度（第62回）電気・情報関連学会中国支部連合大会, p.p. 493 - 494, 2011年.

# Appendix A

初出：「トランジスタ技術」2015年2月号

# GaN HEMTのゲート駆動回路

## 実験の方法

MOSFETでは酸化絶縁膜によりゲート-ソース間は絶縁されていますが，現時点でのGaNによるFETは，HEMTというゲート-ソース間が非絶縁構造のタイプです．

図Aに今回の評価対象となるパワー半導体を示します．今回評価するGaN HEMTは，600V，20A定格を持った試作品(サンケン電気)です．

相対評価を行うために，定格が同じSi MOSFET(2SK3811，東芝)を用意しました．

ゲートしきい値はSi MOSFETが4V程度なのに対し，GaN HEMTは1.6Vと非常に低い値であるのも特徴です．

ゲートしきい値が低いので，素早いスイッチングが実現できる反面，インバータなどの用途ではノイズに弱く誤オンしやすいという性質も持っています．

### ● GaN HEMTの駆動回路にはスピードアップ・コンデンサが不可欠！

これらの二つのパワー半導体を駆動するためのゲート駆動回路を図Bに示します．

Si MOSFETの場合は，0-10VのPWMパルス入力に対してゲート抵抗(3.3Ω)一つです．

GaN HEMTは，ゲート抵抗に加えて，電流制限抵抗(10kΩ)とスピードアップ・コンデンサ(10nF)で構成されています．スピードアップ・コンデンサとは，

ゲート抵抗に直列に接続されたコンデンサを指します．このコンデンサに蓄積された電圧をGaN HEMTのゲート-ソース間に逆電圧として加えることで，ターン・オフのスピードを上げることができるので，このような名前が付いています．

従来のシリコン系パワー半導体の駆動に使われていた10V電源を使うことが前提の回路です．

Si MOSFETのゲート-ソース間のように絶縁されている場合は抵抗だけで良いのですが，GaN HEMTのようなゲート-ソース間が非絶縁のパワー半導体の場合は，このような特殊な回路を使います．

### ● ゲート-ソース間はSi MOSFETと違ってシンプルではない

GaN HEMTの非絶縁型のゲート構造は特殊なので，ゲートの特性を理解しないと，うまくゲートを制御してスイッチング動作させることができません．

従来のMOSFETはゲート側からパワー半導体を見るとキャパシタ(入力容量)だけが見えます．従って，ゲート・ソース間をただのキャパシタとして置き換えてゲート駆動回路が設計できます．

しかし，GaN HEMTはSi MOSFETと同じようなゲート-ソース間の特性を持ちません．

したがって，GaN HEMTに特化したゲート駆動回

ドレイン

ゲート

ソース

ゲートが絶縁されていることを示している

ドレイン

ゲート

ソース

ゲートが絶縁されていない

耐圧：600V
定格電流：20A
オン抵抗：0.22Ω

耐圧：600V
定格電流：20A
オン抵抗：0.05Ω

（a）シリコン(Si)MOSFET
　　（2SK3811，東芝）

（b）GaN HEMT(サンケン電気)

**図A　実験に使用したシリコンMOSFETとGaN HEMT**
GaN HEMTの特徴は，(1)オン抵抗が低い，(2)ゲート-ソース間が絶縁されていない

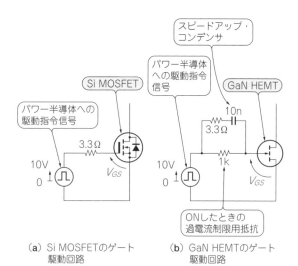

スピードアップ・コンデンサ

Si MOSFET

パワー半導体への駆動指令信号

GaN HEMT

パワー半導体への駆動指令信号

3.3Ω

10V
0

$V_{GS}$

10V
0

10n
3.3Ω

1k

$V_{GS}$

ONしたときの過電流制限用抵抗

（a）Si MOSFETのゲート
　　駆動回路

（b）GaN HEMTのゲート
　　駆動回路

**図B　デバイスに合わせたゲート駆動回路を使う**
GaN HEMTは，ゲート-ソース間が絶縁されいない上にオン電圧が低いので，それに合わせた駆動回路が必要

路を作成し，最適化設計するためには，まずはGaN HEMTのゲート-ソース間の等価回路の構成を理解しなければなりません．

図CにGaN HEMTのゲート駆動回路とゲート側からGaN HEMTを見た場合のゲート-ソース間の等価回路を示します．

▶3個直列ダイオードと並列コンデンサで表される

三つのダイオード群とコンデンサを並列に接続した等価回路としてモデル化すれば，ゲート駆動回路を設計できます．つまり，同じように動作するゲート-ソース間等価回路があれば，あとは各抵抗値等をシミュレーション上で調整することでゲート駆動回路が設計できます．

図Dにシミュレーションと実機のゲート駆動回路の波形を比較した結果を示します．実機での起動時以降は，各部の波形がすべてシミュレーションと実機で一致しています．

このことから，今回提案したGaN HEMTのゲート-ソース間等価回路は，ゲート駆動回路設計用シミュレーションのベース理論として十分に使える値だということが確認できます．

● GaN HEMTのゲート駆動回路を考案！

GaN HEMTは，三つのダイオード群とコンデンサを並列に接続したゲート-ソース間等価回路をもつので，適切なゲート駆動回路が必要です．以下の二つのポイントを押さえなければなりません．

(1) ゲート-ソース間がダイオード特性を持つので，電圧印加時（ON状態時）には電流制限抵抗が必要
(2) ゲート-ソース間電圧の最大定格が2.5 V程度なので，それ以下になるよう電圧抑制が必要

ダイオードの特性を持つことから，ON時に電流が流れ続ける可能性があるので，まずは(1)のようなゲ

ートに流入する電流制限対策が必要となります．

(2) では，今回使用するGaN HEMTは従来のSi MOSFETの場合と同じゲート用電源10 Vを使うことが前提なので，これを直接ゲート側へ印加させると壊れます．

今回は追加するコンデンサによる分圧を利用することで，ゲート-ソース間を保護します．

これらの要求を満たすために，図Bに示すGaN HEMT用ゲート駆動回路を考案しました．

この回路は，(1)を満たすために1 kΩの電流制限抵抗をダイオードとの直列に接続しています．さらに(2)を満たすために，10 nFのスピードアップ・コンデンサが有効です．

このコンデンサとGaN HEMTのゲート-ソース間が持つ寄生コンデンサとで，ターン・オン時の直流印加電圧10 Vを分圧し，ゲート-ソース間電圧を2.5 V以下にします．

このゲート駆動回路の良いところは，GaN HEMTのゲート-ソース間耐圧を守るために過渡的な分圧を担うスピードアップ・コンデンサを付けたことです．このコンデンサに充電された電圧が，ターン・オフ時（PWM信号がゼロになるとき）にゲート-ソース間電圧を負側に印加して，GaN HEMTを素速くターン・オフ動作できます．　　　　　　　〈山本 真義〉

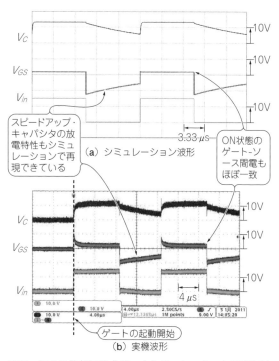

(a) シミュレーション波形

(b) 実機波形

図D　図Cの等価回路を使ったシミュレーションは実測波形とよく一致する

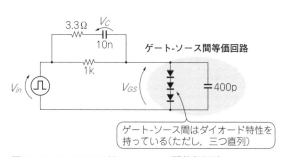

図C　GaN HEMTのゲート-ソース間等価回路
3個直列のダイオードと，並列に入ったコンデンサで表現できる

# Appendix B

初出：「トランジスタ技術」2015年2月号

吹けば飛ぶ超高速電子雲の流れをON & OFF!

# ウルトラ・ハイスピード半導体GaN HEMTのスーパー・テクノロジ

## ● JFETに似た構造でノーマリ・オフを実現

GaN HEMTは図E(a)のようにAlGaNとGaNを接合し，AlGaN層の上にゲート，ドレイン，ソース電極を設けた構造となっています．ここでAlGaNとGaNの間ではバンドギャップの差が生じるため2次元電子ガス層(2DEG)ができます．この2DEGは電子が高濃度で存在し，この2DEGを介してスイッチング動作を行うため，高速スイッチング動作できます．

2DEGは図E(a)の構造だとゲートに電圧を印加させなくても存在するため，ゲート-ソース間電圧がゼロでもドレイン-ソース間に電流が流れるノーマリ・オンとなってしまいます．OFFするにはゲート-ソース間に負の電圧を加える必要がでてきて，使いにくいデバイスになります．

今回評価に使ったサンケン電気のGaN HEMTの基本構造は，図E(b)のようなゲートを埋め込んだ構造をあえて作り，ノーマリ・オフ化しています．AlGaNの厚みは2DEGの電子濃度と相関があり，図E(b)のようにAlGaNを彫り込み薄くすることで2DEGの電子濃度を抑制し，ノーマリ・オフを実現しています．

つまり，ソース側の2DEGとドレイン側の2DEGは繋がっていないので，ノーマリ状態でOFFを実現できるしくみです．

図E(b)のノーマリ・オフ構造のGaN HEMTのスイッチング動作について，図Fに示すように電源を取り付けた状態をベースに説明をしていきます．

ゲート-ソース間に電圧を加えていないOFF時は，図E(a)の状態と同じく2DEGが繋がっていないため，ドレインからソースに電流が流れません．しかし，ゲート-ソース間に正電圧を加えていったんゲートに電流を流すと，GaN HEMTのゲートに正電荷が溜まります．するとゲート直下にある2DEGを形成する場所に電子が引き付けられ，図F(b)のようにドレイン-ソース間が導通します．ゲートに電流が流れなくなると図F(a)の状態に戻り，再びOFFします．

## ● ゲート-ソース間にダイオード構造がある

図GにGaN HEMTの各電極の接触方法を示しています．図GよりGaN HEMTのゲート，ドレイン，ソースはオーミック接合が用いられています．

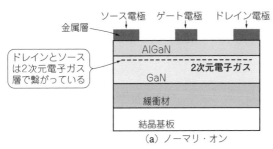

（a）ノーマリ・オン

（b）ノーマリ・オフ

**図E　GaN HEMTの構造**
ゲートの埋め込みによる2次元電子ガス層に含まれる電子濃度の違いで，分断部の有無が異なる

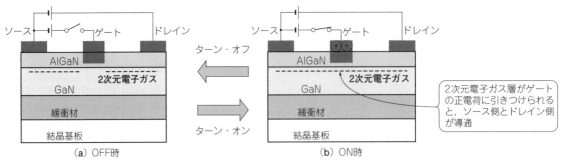

（a）OFF時　　　　　　　　　　　　　　　　（b）ON時

**図F　ノーマリ・オフGaN HEMTのスイッチング動作の原理**
ノーマリ・オフGaN HEMTのスイッチング動作は，ソース側とドレイン側直下の2次元電子ガス層の導通，分断を繰り返すことで実現される

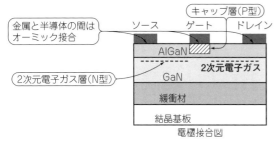

図G　ゲート-ソース間にダイオード構造を持つ理由
形成されるキャップ層はP型であり，2次元電子ガス層はN型であることから，ゲート・ソース間はPN接合となりダイオード特性を持つ

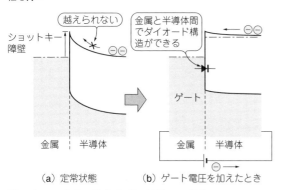

（a）定常状態　　　　（b）ゲート電圧を加えたとき

図I　ショットキー接合のバンドギャップ図
ゲートに電圧を加えたときは，半導体部のフェルミ準位が上昇し，電子が移動する（電流が流れる）．これはダイオードと同じ特性

ここで復習のために，オーミック接合とショットキー接合のバンド図を図Hと図Iに示します．

図Hのオーミック接合ではゲート側の金属と半導体の間に薄い障壁が存在しますが，トンネル効果により電子が金属側と半導体側を自由に行き来できる状態です．GaN HEMTのドレイン，ゲート，ソースの金属と半導体の間は，このオーミック接合になっています．

ゲートをショットキー接合すると，図I（a）のように定常状態で金属と半導体の間に大きい障壁があり，電子が自由に動けない状態にあります．しかし，ゲート-ソース間に電圧を加えることで，図I（b）に示すように，半導体側のフェルミ準位を引き上げ電子が半導体側から金属側だけに流れることができるようになります（電流は金属側から半導体側に流れる）．このような特性があるため，ショットキー接合を用いた場合でもゲート-ソース間にダイオード構造ができることになります．

GaN HEMTは，金属-半導体間がショットキーではなく，オーミック接合です．その上で，ゲートからソースへはダイオード構造が存在します．

図Gに示したように，ゲート直下にはP型で作られたキャップ層という通電時の安定性を保つための層が

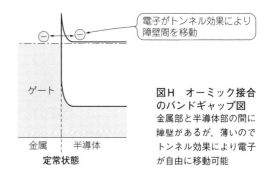

図H　オーミック接合のバンドギャップ図
金属部と半導体部の間に障壁があるが，薄いのでトンネル効果により電子が自由に移動可能

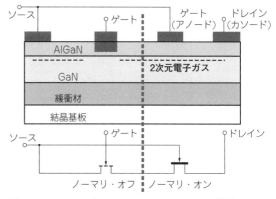

図J　GaN HEMTとGaN HEMTのカスコード構造
ノーマリ・オンとノーマリ・オフの二つのデバイスを組み合わせた構造となっている

設けられています．このキャップ層と高濃度の電子が存在する2DEGとの間でPN構造が構成され，ゲート-ソース間には寄生ダイオードが作られているのです．

● GaN-GaNのカスコード接続のタイプもある

今回評価に使用したGaN HEMT（サンケン電気）は，GaN-GaNのカスコード接続構造を持っています．

図JにGaN-GaNのカスコード構造図を示します．この構造図の右側がノーマリ・オンGaN HEMT，左側がノーマリ・オフGaN HEMTです．

ノーマリ・オンのゲート（アノード）とノーマリ・オフのゲートの間に，ノーマリ・オンのソース，ノーマリ・オフのドレインがあります．

ノーマリ・オンのソースはノーマリ・オフのドレインと接続，ノーマリ・オンのゲートはノーマリ・オフのソースと接続されているためカスコード接続となっています．

これがGaN-GaNのカスコード接続構造の構成原理です．また，ノーマリ・オン側のゲートはアノード，ドレインはカソードの役目も果たしています．実際に取り付けられている電極はノーマリ・オン側のゲート（アノード），ドレイン（カソード）とノーマリ・オフ側のゲート，ソースだけとなっています．

〈山本 真義〉

初出：「トランジスタ技術」2015年5月号

秋葉原でも扱いが始まった！
米国EPC社製をリアル・モデリング

# パソコンでお試し！超高速・超高効率 GaN FET のSPICEシミュレーション

堀米 毅
Tsuyoshi Horigome

● LTspiceで次世代のパワー・デバイス GaN FET モデルを作成／損失解析する

　次世代デバイスとして期待されているGaN FETは，小型化，高耐圧化，高速スイッチングという大きな特徴があります．特にパワーエレクトロニクスにおいて，省エネルギに必要な低損失化を実現できる次世代半導体として注目されています．

　GaNはガリウムと窒素の化合物であり，物理的には低導通抵抗と高絶縁耐圧の特徴があります．

　GaNは理論的にシリコン・デバイスの3けた低いオン抵抗が実現できるといわれています．実用化されれば，導通損失を無視できます．高効率，低損失であるGaNデバイスは，高電流低電圧化が進んでいるサーバの電源回路，自然エネルギ・システム/HEV/EVのインバータ回路へのアプリケーションに応用が期待され，さまざまな研究が行われています．

　本稿ではLTspiceとGaN FETモデルを使って，スイッチング特性とオン抵抗に影響するSPICEパラメータのチューニングと損失解析方法を解説します．

　電源やインバータ回路の損失解析を実行するときに，どのくらいのオン抵抗のデバイスが低損失化を実現するかなどを事前検証できるようになります．

## GaN FET のSPICEモデル

● ノーマリ・オフ型はメーカで提供されているディスクリートMOSFETと同じモデルを使える

　図1にGaN FETのノーマリ・オンとノーマリ・オフ動作を示します．従来のGaN FETはノーマリ・オンなので，独自の等価回路モデルを開発する必要があります．これをドライブ回路で取り扱うのは難しく，各社は内部の素子構造を工夫して，ノーマリ・オフの特性で提供しています．

　ノーマリ・オフ型のときは，ディスクリートのMOSFETのSPICEモデルとして，多くの半導体メーカのWebサイトなどで提供されているMOSFET LEVEL＝3のモデルを簡易モデルとして，使えます．

　今回，シミュレーションで使う40 V/33 Aの

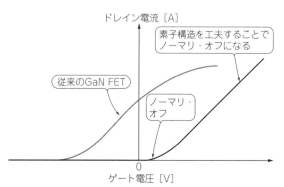

**図1 ノーマリ・オンとノーマリ・オフの動作**
ノーマリ・オンはゲート電圧が0Vでもドレイン電流が流れる．ノーマリ・オフはゲート電圧が0Vのときには電流は流れない

EPC2015（EPC社）は，ノーマリ・オフ型です．高速スイッチング動作をするため，LEVEL＝3の弱点であるミラー容量が固定値である現象も，ほとんど影響ありません．等価回路を付けることなく，LEVEL＝3をそのまま使えます．ゲート・チャージ特性において，ミラー容量を可変値にするときは，等価回路を加える必要があります（参照：「トランジスタ技術」2015年3月号，pp.155-158）．

● 作成したモデルのネットリスト

　MOSFET LEVEL＝3のモデル・パラメータの最適化は，(1)$I$-$V$特性，(2)$C$-$V$特性，(3)ゲート・チャージ特性，(4)スイッチング特性の順番に行いました．モデルの作り方は文献[3]などを参考にしてください．

　作成したEPC2015のSPICEモデルのネットリストをリスト1に示します．

## スイッチング特性とオン抵抗に影響する パラメータのチューニングと損失解析方法

● ［STEP1］ターン・オン特性に効くモデル・パラメータ$R_G$

　GaN FETのデータシートには，スイッチング特性に関する電気的特性が掲載されていません．

　ターン・オン特性については，モデル・パラメータ

## リスト1　GaN FET EPC2015（EPC社）のSPICEモデルのネットリスト

SPICEモデル・パラメータのパラメトリック解析を行うときは，"RD＝{RD}"のように，"{ }"を使って指定する

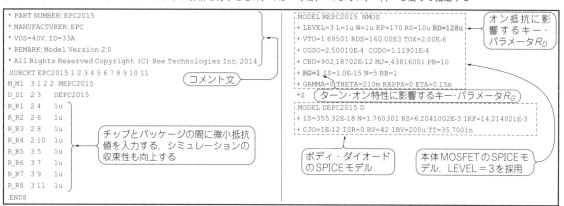

```
* PART NUMBER: EPC2015
* MANUFACTURER: EPC
* VDS=40V, ID=33A
* REMARK: Model Version 2.0
* All Rights Reserved Copyright (C) Bee Technologies Inc. 2014
.SUBCKT EPC2015 1 2 3 4 5 6 7 8 9 10 11
M_M1  3 1 2 2 MEPC2015
D_D1  2 3    DEPC2015
R_R1  2 4    1u
R_R2  2 6    1u
R_R3  2 8    1u
R_R4  2 10   1u
R_R5  3 5    1u
R_R6  3 7    1u
R_R7  3 9    1u
R_R8  3 11   1u
.ENDS
```

コメント文

チップとパッケージの間に微小抵抗値を入力する．シミュレーションの収束性も向上する

```
.MODEL MEPC2015 NMOS
+ LEVEL=3 L=1u W=1u KP=170 RS=10u RD=128u
+ VTO=1.69501 RDS=160.00E3 TOX=2.00E-6
+ CGSO=2.50010E-4 CGDO=1.11901E-4
+ CBD=902.18702E-12 MJ=.43816001 PB=10
+ RG=1 IS=1.0E-15 N=5 RB=1
+ GAMMA=0 THETA=210m KAPPA=0 ETA=0.15m
*$
.MODEL DEPC2015 D
+ IS=355.32E-18 N=1.760301 RS=6.2041002E-3 IKF=14.214021E-3
+ CJO=1E-12 ISR=0 BV=42 IBV=200u TT=35.7001n
```

オン抵抗に影響するキー・パラメータ$R_D$

ターン・オン特性に影響するキー・パラメータ$R_G$

ボディ・ダイオードのSPICEモデル

本体MOSFETのSPICEモデル．LEVEL＝3を採用

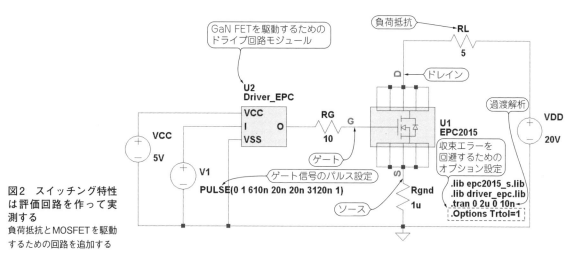

GaN FETを駆動するためのドライブ回路モジュール

負荷抵抗　RL　5

過渡解析

VDD 20V

ドレイン

ゲート

ソース

ゲート信号のパルス設定

U2 Driver_EPC

U1 EPC2015 収束エラーを回避するためのオプション設定

```
.lib epc2015_s.lib
.lib driver_epc.lib
.tran 0 2u 0 10n
.Options Trtol=1
```

VCC 5V

V1 PULSE(0 1 610n 20n 20n 3120n 1)

RG 10

Rgnd 1u

**図2　スイッチング特性は評価回路を作って実測する**
負荷抵抗とMOSFETを駆動するための回路を追加する

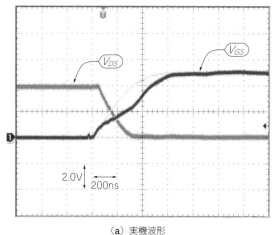

（a）実機波形

**図3　ターン・オン特性の実機波形（a）は図2の評価回路のシミュレーション波形（b）とほぼ一致する**
実機波形と合うようにMOSFETのモデル・パラメータ$R_G$をチューニングした

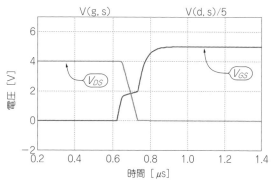

（b）図2の評価回路のシミュレーション波形

$R_G$が支配的です．図2のようにスイッチング特性の評価回路を作成し，実機波形とシミュレーションのターン・オン特性が合うように，$R_G$をチューニングします．

　図3のように，実機波形とシミュレーション波形は類似しています．リスト1のSPICEモデルは，再現性が高いことがわかります．

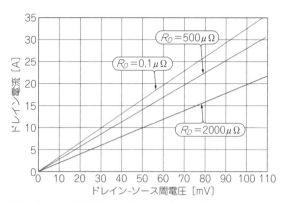

.PARAM RD=128u
.STEP PARAM RD List 100n 500u 2000u ← パラメトリック解析の設定

D
電流検出用電源
ドレイン
DS
ゲート
U1
EPC2015
VDS
VGS
5V
ソース
.lib epc2015_s.lib
.dc VDS 0 110m 1m ← DC解析の設定

**図4 オン抵抗を測定するための評価回路**
MOSFETのモデル・パラメータ$R_D$をパラメトリック解析で変化させる

**図5 図4の評価回路のシミュレーション結果**
オン抵抗は$V_{DS}/I_D$で求まる. $R_D$を大きくすると, オン抵抗も大きくなることがわかる

ドレイン電流 [A] / 35 30 25 20 15 10 5 0
$R_D=500\mu\Omega$
$R_D=0.1\mu\Omega$
$R_D=2000\mu\Omega$
ドレイン-ソース間電圧 [mV] 0 10 20 30 40 50 60 70 80 90 100 110

● [STEP2] オン抵抗に効くモデル・パラメータ$R_D$
　GaN FETの大きな特徴でもある低オン抵抗は, MOSFETモデルLEVEL＝3を採用したとき, モデル・パラメータ$R_D$が支配的です.
　図4は, オン抵抗を測定するための評価回路です. モデル・パラメータ$R_D$をパラメトリック解析で変化させ, オン抵抗に, どのくらい影響するかを確認します. 図4のシミュレーション結果を図5に示します. $R_D$の値が大きくなると, オン抵抗も大きくなります. オン抵抗は, $V_{DS}/I_D$で計算できるので, LTspiceのトレース表示で, 'V(DS)/I(d)' を入力するとオン抵抗を自動表示できます.

　オン抵抗に効くパラメータ$R_D$は, データシートの値(3.2 mΩ @標準)を基に, チューニングしました.

● [STEP3] オン抵抗が導通損失に与える影響をパラメトリック解析で検証する
　導通損失は, 低オン抵抗化で低減できます. モデル・パラメータ$R_D$のパラメトリック解析を行い, 導通損失にどのくらいの影響度合いがあるか検証します.
　図6は損失シミュレーションをするための回路, 図7は損失結果です.
　図8は, 図7の損失波形の拡大図です. パラメトリック解析の結果, モデル・パラメータ$R_D$が大きいとき, つまり, オン抵抗が大きいときに, 導通損失も大きいことがわかります.

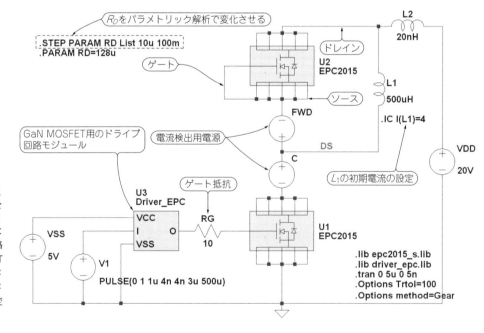

**図6 損失シミュレーションをするための回路**
損失解析をするときは誘導負荷回路で行う. MOSFETのモデル・パラメータ$R_D$をパラメトリック解析で変化させる

$R_D$をパラメトリック解析で変化させる
.STEP PARAM RD List 10u 100m
.PARAM RD=128u
L2 20nH
ドレイン
ゲート
U2
EPC2015
ソース
L1 500uH
.IC I(L1)=4
$L_1$の初期電流の設定
VDD 20V
GaN MOSFET用のドライブ回路モジュール
電流検出用電源
FWD
DS
C
U3
Driver_EPC
ゲート抵抗
VCC
I O
VSS
RG 10
U1
EPC2015
VSS 5V
V1
PULSE(0 1 1u 4n 4n 3u 500u)
.lib epc2015_s.lib
.lib driver_epc.lib
.tran 0 5u 0 5n
.Options Trtol=100
.Options method=Gear

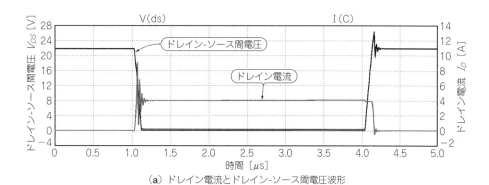

（a）ドレイン電流とドレイン-ソース間電圧波形

**図7 図6の評価回路によって求めたGaN FETの損失波形**
損失は，LTspiceでドレイン電流とドレイン-ソース間電圧を掛け算することによって表示できる

（b）損失波形

電源回路やインバータ回路などの導通損失のシミュレーション見当するとき，オン抵抗の影響をパラメトリック解析で把握することで，最適なデバイスの選定を行うこともできます．

◆参考文献◆
(1) EPC2015 データ シート，Efficient Power Conversion Corporation.
(2) CM600HA‐12Hデータシート，三菱電機㈱.
(3) 堀米 毅：定番回路シミュレータLTspice部品モデル作成術，CQ出版社.

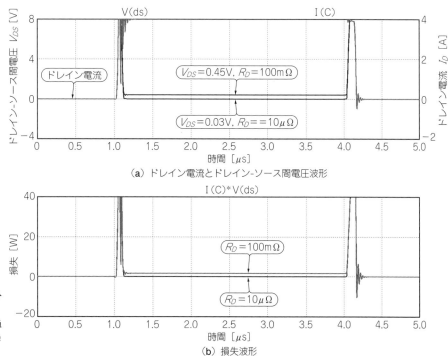

（a）ドレイン電流とドレイン-ソース間電圧波形

**図8 図7の導通損失部分を拡大した**
$R_D = 100\,\mathrm{m\Omega}$ のときの導通損失は 1.87 W，$R_D = 10\,\mu\Omega$ のときは 65 mW となる

（b）損失波形

グリーン・エレクトロニクス No.18

新版 **30 MHz/10 kW スイッチング！超高速 GaN トランジスタの実力と応用**

2016 年 8 月 1 日　初版発行

©CQ 出版株式会社　2016
（無断転載を禁じます）

編　　集　　トランジスタ技術SPECIAL編集部
発 行 人　　寺　前　裕　司
発 行 所　　Ｃ Ｑ 出 版 株 式 会 社
（〒 112 - 8619）東京都文京区千石 4 - 29 - 14

電話　編集　03 - 5395 - 2123
　　　広告　03 - 5395 - 2131
　　　販売　03 - 5395 - 2141

ISBN978-4-7898-4849-7

定価は表四に表示してあります
乱丁，落丁本はお取り替えします

DTP・印刷・製本　三晃印刷株式会社／DTP　有限会社 新生社
Printed in Japan